AF897183

Der Goldene Schnitt

RAFAEL ARAUJO
ME FECIT
X MMXVI

Der Goldene Schnitt

DIE SCHÖNHEIT DER MATHEMATIK

Gary B. Meisner

Gründer von GoldenNumber.net und PhiMatrix™

Librero

Titel der Originalausgabe: *The Golden Ratio: The Divine Beauty of Mathematics*

© 2025 Librero IBP (für die deutschsprachige Ausgabe)
www.librero-ibp.com

Ursprünglich herausgegeben 2018 von Race Point Publishing,
einem Imprint von The Quarto Group

Text © 2018 Gary B. Meisner
Herausgeberin: Jeannine Dillon
Akquisition: Melanie Madden
Redaktionelle Leitung: Erin Canning
Layout: Roger Walton

Übersetzung aus dem Englischen:
Anita Schwendenwein-Weinberger, Wien
Redaktion und Satz der deutschen Ausgabe:
Print Company Verlagsges.m.b.H., Wien

Printed in China

ISBN: 978-94-6359-641-1

Alle Rechte vorbehalten. Nichts aus dieser Ausgabe darf ohne vorherige schriftliche Zustimmung des Verlags elektronisch oder mechanisch vervielfältigt, gespeichert, veröffentlicht, fotokopiert oder aufgenommen werden.

Der Richtigkeit und Vollständigkeit der Informationen in diesem Buch wurde größte Sorgfalt gewidmet. Sollte unabsichtlicher weise dennoch ein Urheber nicht angegeben sein, werden wir dies nach Kenntnisnahme in der nächsten Ausgabe berichtigen.

Vorseite Cover © Rafael Araujo

FSC
www.fsc.org
MIX
Papier | Fördert gute Waldnutzung
FSC® C016973

INHALT

RAFAEL ARAUJO
ME FECIT
IX MMX

EINLEITUNG

Was macht eine Zahl so fesselnd, dass sie uns seit mehr als zweitausend Jahren fasziniert? So universell, dass sie sich in den Schriften eines antiken Mathematikers, den Überlegungen eines revolutionären Kosmologen, den Entwürfen eines Architekten des 20. Jahrhunderts sowie in der Geschichte eines Bestseller-Thrillers wiederfindet? So allgegenwärtig, dass sie sowohl bei den größten Bauwerken der Antike und den Gemälden der berühmtesten Renaissance-Maler als auch der atomaren Anordnung in einem kürzlich entdeckten Quasikristall auftaucht? Und so umstritten, dass es sehr unterschiedliche und polarisierende Behauptungen in Bezug auf ihre Erscheinungsformen und Anwendungen gibt?

Man könnte meinen, dass alle Beweise erbracht, die Antworten bereits gefunden und der Fall damit abgeschlossen sei. Der Goldene Schnitt ist kein neues Thema – viel wurde bereits seit der Antike über ihn geschrieben. Was sollte denn jetzt neu daran sein? Die Antwort wird Sie überraschen. Die Technologie und unser Wissen entwickeln sich immer mehr und immer schneller, und sie enthüllen dabei ständig neue Informationen, über die man bisher nicht verfügte. Genau wie eine neue Technologie neue Erkenntnisse für die DNA-Analyse bringen kann, die ein früheres Urteil in einem Kriminalfall wieder aufheben, eröffnet uns neue Technologie neue Informationen und Werkzeuge, die uns zeigen, dass frühere Feststellungen zum Goldenen Schnitt unvollständig und ungenau sind. Auch wir werden einige bestehende Urteile über den Haufen werfen – keine Urteile von Verbrechern in Gefängnissen, sondern

Überzeugungen, die sich im Denken vieler Menschen festgesetzt haben. Auch Überzeugungen können eine eigene Form von Gefängnis sein, und oft merken wir gar nicht, wie sehr unser Geist gefangen ist, bis wir die Welt aus einer Vielzahl an verschiedenen Perspektiven betrachten.

Unsere neuen Werkzeuge zum Sammeln von Beweisen sind das Internet, neue Software-Anwendungen, bessere Computertechnologie und eine wachsende Anzahl an Menschen, die Informationen austauschen. 1997 nutzten nur elf Prozent der Menschen in den entwickelten Ländern und nur zwei Prozent weltweit das Internet.[1] 2004 hatten die meisten Amerikaner nur eine langsame Internetverbindung[2], und Wikipedia verfügte über weniger als fünf Prozent der Artikel von 2017.[3] Ich gründete Goldennumber.net 2001, 2004 folgte meine PhiMatrix-Software, die die Analyse von digitalen Bildern in Sekunden ermöglicht. Heute gibt es unglaublich viele Bilder, die wir zur Analyse heranziehen können und die in dieser hohen Auflösung erst seit wenigen Jahren zur Verfügung stehen. Und viele Erkenntnisse, die ich hier mit Ihnen teile, stammen von Benutzern, die sich bis vor kurzem nicht vernetzen konnten. Es könnte durchaus der Fall sein, dass sich Informationen zum Goldenen Schnitt, die erst vor zehn, zwanzig Jahren niedergeschrieben wurden, als unvollständig erweisen. Und ich bin überzeugt davon, dass neue Technologien in den nächsten zehn, zwanzig Jahren neue Einsichten bringen werden, die zum heutigen Zeitpunkt nicht einmal denkbar sind.

Egal ob Sie Mathematiker, Designer oder Liebhaber von Phi sind oder dem Ganzen skeptisch gegenüberstehen – ich hoffe, Sie finden in diesem Buch Neues, Interessantes und Informatives und werden herausgefordert, diese Zahl neu zu sehen und anzuwenden. Ferner hoffe ich, in Ihnen auf unserer Reise durch Zeit und Raum, bei der wir die ungewöhnlichen und einzigartigen Eigenschaften dieser allgegenwärtigen Zahl erforschen – die seit vielen Jahrhunderten unter vielen verschiedenen Namen bekannt ist und die so viele der größten Geister der Geschichte inspirierte –, ein Feuer der Begeisterung zu entfachen.

Dieses Papyrus-Fragment aus dem 1. Jh. n. Chr., das in Oxyrhynchus in Ägypten entdeckt wurde, zeigt eine Skizze aus Lehrsatz 5 im Buch II von Euklids Elementen. *Die erste Bezugnahme auf „die stetige Teilung“ (den Goldenen Schnitt) findet sich im Lehrsatz 30 im Buch VI.*

WAS IST PHI?

Lassen Sie uns unsere Entdeckungsreise mit einem grundlegenden Verständnis dieser faszinierenden Zahl beginnen. Wir werden einige Persönlichkeiten der Geschichte kennenlernen, deren Leben von ihr geprägt wurde, und untersuchen, wo sie auftaucht und wie man sie im Laufe der Jahrtausende verwendete. Phi ist eine irrationale Zahl mit einer unendlichen Anzahl an Dezimalstellen, die in Kurzform als 1,618 dargestellt wird. Diese Kurzform reicht für fast jeden gewünschten Zweck – und man braucht viel weniger Zeit, um sie aufzuschreiben. Die vertraute Zahl 3,14... oder Pi, die das Verhältnis des Umfanges eines Kreises zu seinem Durchmesser ausdrückt, wird durch den griechischen Buchstaben π (Pi) dargestellt. Genauso wird 1,618... durch einen anderen griechischen Buchstaben, nämlich Φ (Phi), dargestellt, obwohl man im Laufe der Zeit auch andere „Decknamen" verwendete. Der Kleinbuchstabe ϕ steht für den reziproken Wert 1 / 1,618 oder 0,618. In Mathematiker-Kreisen wird die Zahl auch manchmal mit dem griechischen Buchstabe τ (Tau) bezeichnet. Heute nennt man sie meist den Goldenen Schnitt, in jüngster Zeit auch „Goldene Zahl", „Goldene Proportion" oder „Goldenes Verhältnis". Früher bezeichnete man sie auch als „göttliche Zahl".

Diese „göttliche", „goldene" Zahl ist in ihren mathematischen Eigenschaften und aufgrund ihres häufigen Vorkommens in Geometrie und Natur einzigartig. Fast jeder hörte in der Schule von Pi (π), aber nur wenige von Phi. Dies ist vielleicht darauf zurückzuführen, dass das Begreifen dieser Zahl in all ihren Manifestationen über das akademische Setting hinaus in das Reich der Spiritualität führt. Φ ist eine ungewöhnlich häufige Konstante in vielen Bereichen des Lebens, der Kunst und der Architektur, aber

DER GOLDENE SCHNITT WIRD „GOLDEN"

Bis ins 19. Jahrhundert war der Goldene Schnitt nicht „golden". Man vermutet, dass der deutsche Mathematiker Martin Ohm (1792–1872) der Erste war, der den Begriff „golden" in Bezug darauf verwendete, und zwar 1835 in der zweiten Auflage seines Werkes *Die reine Elementar-Mathematik*, das dafür bekannt ist, dass hier der *Goldene Schnitt* zum ersten Mal in einer Fußnote erwähnt wird.[4] Die erste Verwendung des englischen Begriffes „golden ratio" erfolgte 1875 in der *Encyclopedia Britannica* in einem Artikel von James Sulley über Ästhetik. Im mathematischen Kontext tauchte der Begriff erst 1898 im Buch *Introduction to Algebra* des schottischen Mathematikers George Chrystal auf.[5]

beginnen wir mit den reinsten und einfachsten Informationen zu Φ – und zwar jenen in der Geometrie.

Der griechische Mathematiker Euklid beschrieb Φ als Erster – und vermutlich am besten – im Buch VI seines mathematischen Traktats *Elemente:*

> *„Eine gerade Strecke ist in diesem Verhältnis unterteilt, wenn sich die ganze Strecke zum größeren Abschnitt genauso verhält wie der größere Abschnitt zum kleineren.“*[6]

Wo liegt darin nun der Zauber und das Wunder? Ein Beispiel: Bäte ich Sie, eine Linie zu unterteilen, könnten Sie das an vielen Stellen tun. Schneiden Sie sie in die Hälfte, ergibt das:

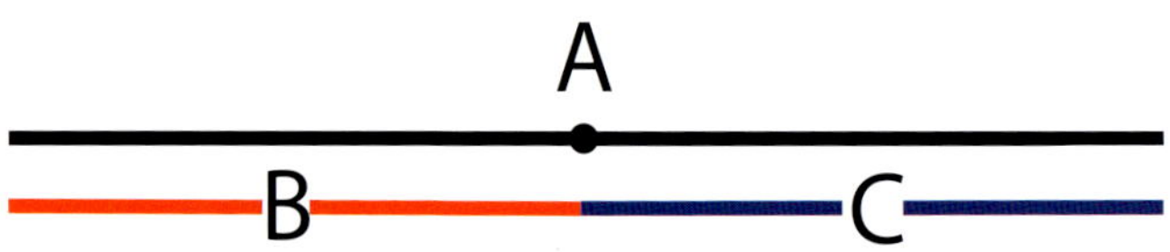

Die ganze Linie ist 1. Nennen wir sie A.
Der erste Abschnitt ist ½. Nennen wir ihn B.
Der zweite Abschnitt ist auch ½. Nennen wir ihn C.

Hier beträgt das Verhältnis von *A* zu *B* **2 zu 1**, und von *B* zu *C* beträgt es **1 zu 1**.

Unterteilen Sie die Linie jetzt nochmals, und denken Sie dabei an etwas, das Sie (*B*) und ich (*C*) teilen könnten, etwa an einen Schokoriegel. Ich werde davon nur ein Drittel beanspruchen, denn so bin ich eben:

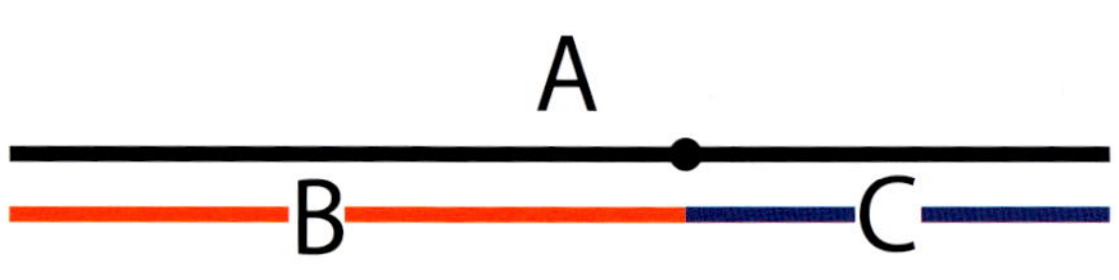

Die ganze Linie A *ist immer noch 1.*
Der längere Abschnitt B *ist nun ⅔.*
Der kürzere Abschnitt C *ist nun ⅓.*

Hier beträgt das Verhältnis von *A* zu *B* **3 zu 2** und von Ihrem *B* zu meinem *C* **2 zu 1**.

Nähme ich nur ein Viertel, wären die Verhältnisse **4 zu 3** und **3 zu 1**. Nähme ich nur zehn Prozent, dann wären sie **10 zu 9** und **9 zu 1**. Unterteilt man die Linie also an verschiedenen Stellen, ergeben sich immer verschiedene Verhältnisse von *A* zu *B*, die jedoch nie dem Verhältnis von *B* zu *C* entsprechen … außer an der einen einzigen Stelle, über die Euklid bereits vor zweitausend Jahren staunte. An diesem Punkt der Ausgeglichenheit beträgt sowohl das Verhältnis von *A* zu *B* als auch jenes von *B* zu *C* **1,618 zu 1**!

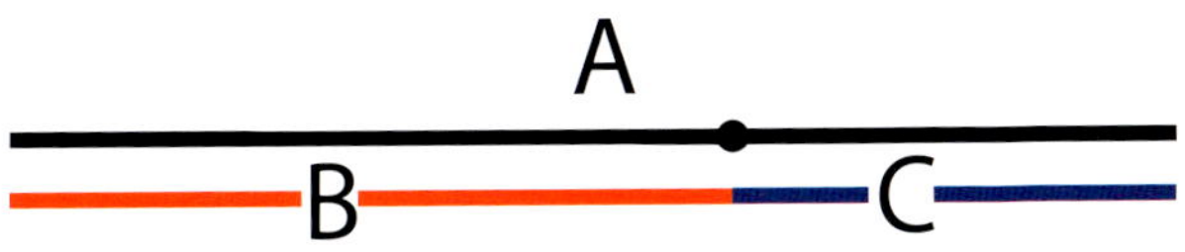

Das ist eine der einzigartigen Eigenschaften des Goldenen Schnittes: Das Verhältnis der ganzen Linie (*A*) zum längeren Abschnitt (*B*) ist gleich dem Verhältnis des längeren Abschnittes (*B*) zum kürzeren Abschnitt (*C*). In anderen Worten:

$$A / B = B / C$$

Aber Phi hat viele bemerkenswerte mathematische Eigenschaften. Sie ist zum Beispiel die einzige Zahl, deren reziproker Wert um genau 1 kleiner ist als sie selbst, da 1 / 1,618 gleich 0,618 ist. Einfacher und eleganter ausgedrückt:

$$1 / \Phi = \Phi - 1$$

$1{,}618^2$ ergibt 2,618, und damit ist Phi auch die einzige Zahl, deren Quadrat um genau 1 größer ist als sie selbst, nämlich:

$$\Phi^2 = \Phi + 1$$

Als nächster Schritt zum Verständnis, warum Phi und seine mathematischen Eigenschaften Auswirkungen haben, die über interessante Mathematikbeispiele hinausgehen, möchte ich Ihnen PhiMatrix vorstellen, jene Software, die ich 2004 entwickelte und 2009 in einer neuen Version veröffentlichte. Ich lernte objektorientiertes Programmieren im Alter von 54 Jahren, nur um dieses eine Programm zu kreieren, das nun von tausenden talentierten und begeisterten Künstlern, Designern, Fotografen und vielen anderen in mehr als siebzig Ländern weltweit verwendet wird. PhiMatrix ermöglicht es, den Goldenen Schnitt in jedem beliebigen Bild auf Ihrem Bildschirm ganz einfach zu finden. Betrachten Sie beispielsweise die Linie, die wir gerade nach dem Goldenen Schnitt geteilt haben und über die hier ein rechteckiges PhiMatrix-Raster (grün) gelegt wurde:

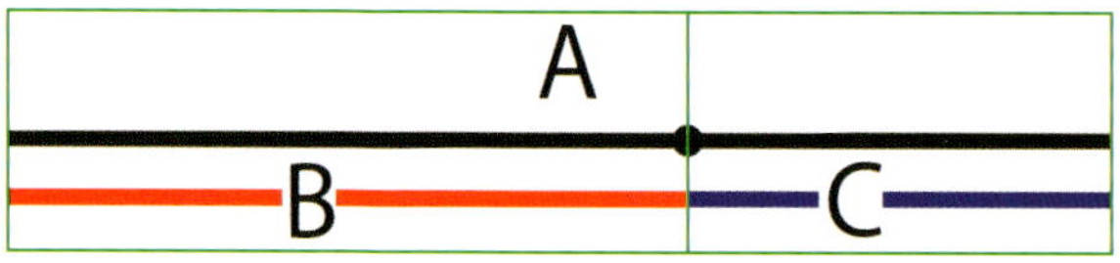

Wie man sieht, schneidet die grüne Teilungslinie den Punkt, der auf der Linie den Goldenen Schnitt darstellt. Einfach, nicht wahr? Sie werden in diesem Buch auf ähnliche rechteckige Überlagerungen treffen, die jeweils den Goldenen Schnitt visualisieren.

Wie Sie sehen werden, gilt die Anziehungskraft dieses Goldenen Verhältnisses für Designer, Mathematiker und Mystiker genauso wie für Ärzte, Biologen und Investoren. Der Goldene Schnitt taucht in der Natur auf und ist eng verwoben mit unserer Vorstellung von einem schönen Gesicht. Im Verlauf der Geschichte wurde er dazu verwendet, Schönheit in vielen klassischen Kunstwerken und in der Architektur zu schaffen, und auch heutzutage werden damit visuelle Harmonien in graphischen Entwürfen, im Produktdesign, in Foto- und Videoarrangements, bei Logos, auf Benutzeroberflächen und in vielen weiteren Bereichen erzeugt. Manche glauben sogar, man fände ihn auch in den Proportionen des Sonnensystems und in den Bewegungen von Preis und Timing an der Börse.

Dieser Teil von Leonardo da Vincis Gemälde Johannes der Täufer *(ca. 1516) weist einige interessante Proportionen auf. Könnte da Vinci in diesem Gemälde bewusst den Goldenen Schnitt dargestellt haben?*

EINE UMSTRITTENE ZAHL

Bei all der Aufmerksamkeit für diese Zahl möchte man meinen, dass sie als wichtige universelle Konstante anerkannt wird – und zumindest so bekannt ist wie Pi –, aber diese umstrittene Zahl wird in den Curricula der meisten akademischen Institutionen üblicherweise nur nebenbei erwähnt. Warum?

Tatsächlich gibt es viele verwirrende und polarisierende Behauptungen hinsichtlich ihres Vorkommens und ihrer Anwendung. Und sogar die kleine Minderheit an Menschen, die sie kennt, weiß eigentlich sehr wenig über sie. Gehört sie in das Reich der Verschwörungstheorien oder sind die neugierigen Geister, die ihre verborgenen Bedeutungen wahrnehmen, etwas wirklich Großem auf der Spur? Ich werde Sie über die vielen Behauptungen und Gegenbehauptungen aufklären und die Beweise dabei wie in einem guten Krimiroman oder einer Folge *CSI* enthüllen. In diesem Fall jedoch sind Sie Detektiv, Richter und Geschworener. Sie entscheiden also für sich selbst, ob die Behauptungen gerechtfertigt sind oder nicht und ob sie auf Mathematik oder Mythos gründen. Letztendlich werden Sie vielleicht nicht sicher wissen, ob all das nur ein eigenartiger Zufall oder tatsächlich ein Beweis für eine höhere Macht ist.

Neugierig geworden? Je mehr Sie von der Mathematik hinter dem Goldenen Schnitt verstehen, desto mehr werden Sie sein Vorkommen in der Natur und in den Künsten zu schätzen wissen und desto besser werden Sie ihn selbst im schöpferischen, künstlerischen Ausdruck einsetzen können, wobei der Anwendung nahezu keine Grenzen gesetzt sind.

Beginnen wir unseren Überblick über dieses breite und faszinierende Thema mit einem kleinen Streifzug durch die Jahrzehnte und der Beschäftigung mit dem Leben verschiedener Charaktere, die in dieser zeitlosen Geschichte eine Rolle spielten.

Skulptur des heiligen Goldenen Schnittes *von Oliver Brady und Carmel Clark. Der Entwurf dieser magnetischen Skulptur basiert auf der Goldenen 180-Grad-Spirale, mit der wir uns auf Seite 158 beschäftigen.*

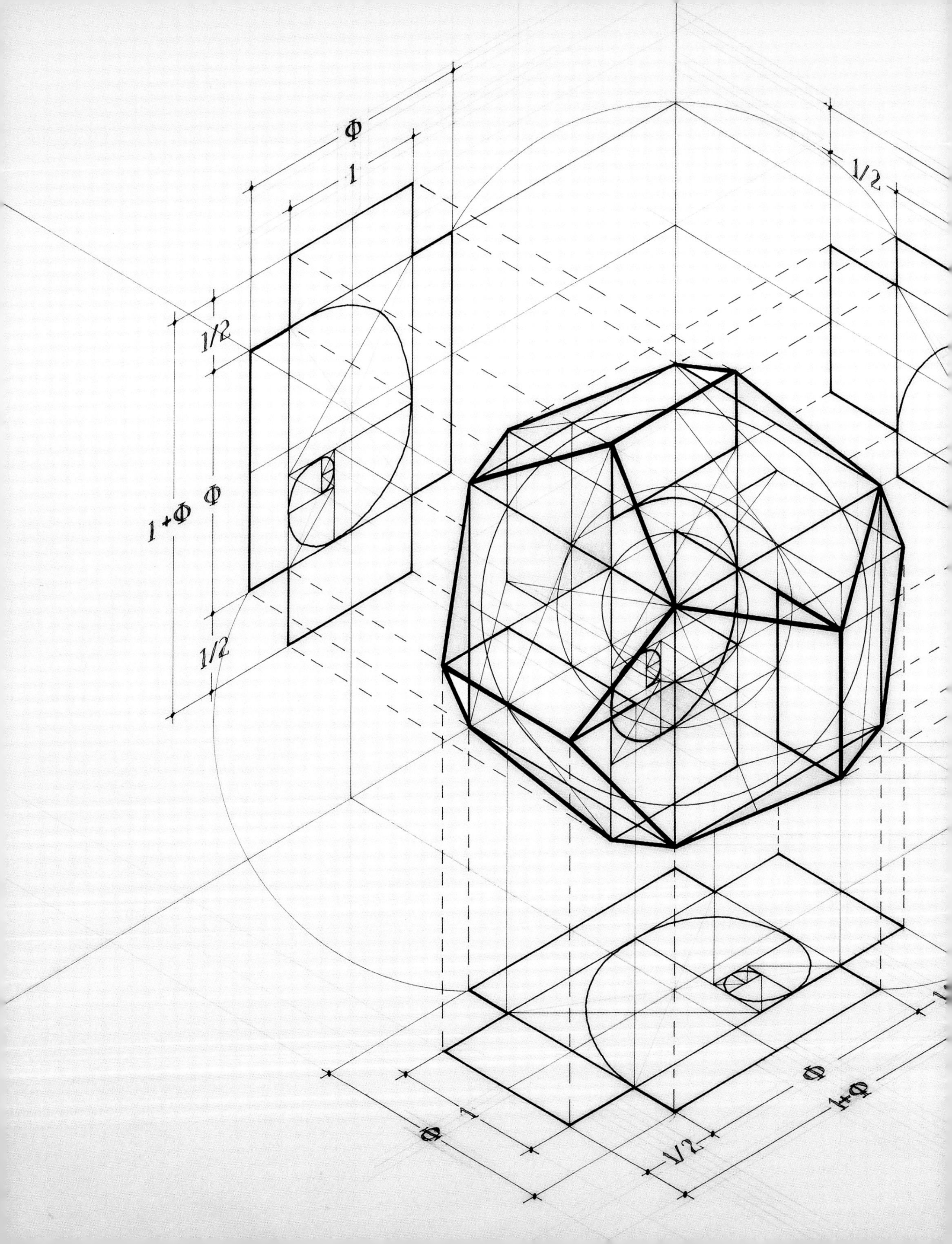
Φ
1
1/2
1+Φ
Φ
1/2
1/2
Φ
1
1/2
Φ
1+Φ

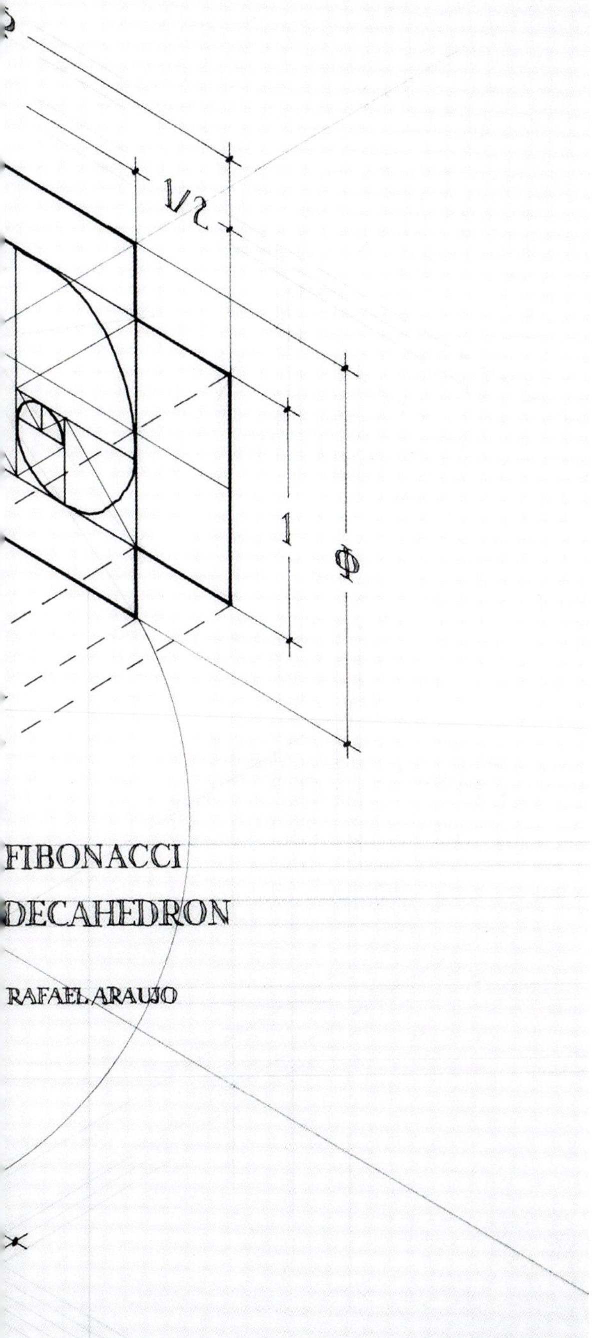

I

GOLDENE GEOMETRIE

„Die Geometrie besitzt zwei Schätze:
einer ist der Satz des Pythagoras,
der andere die Unterteilung einer Linie
nach dem Goldenen Schnitt.
Den ersten könnte man mit einem
Scheffel Gold vergleichen,
den zweiten könnte man als
wertvolles Juwel bezeichnen.“[1]

— Johannes Kepler

Obwohl es das Verhältnis des Goldenen Schnittes in der Mathematik, der Geometrie und der Natur seit jeher gab, ist der genaue Zeitpunkt der Entdeckung und der ersten Anwendungen nicht bekannt. Vermutlich wurde es immer wieder neu entdeckt, was auch erklären würde, warum man es unter verschiedenen Bezeichnungen kennt. Es gibt zwar Hinweise darauf, dass schon antike Mathematiker in Babylon und Indien den Goldenen Schnitt kannten und anwandten – beginnen wir jedoch im antiken Griechenland.

Rechts: *Dieses Gemälde des russischen Künstlers Feodor Bronnikoff (1827–1902) zeigt den Kult des Pythagoras, der den Sonnenaufgang feiert.*

Links: *Auf diesem Stich von Jean Dambrun (1741 bis ca. 1808) sieht man Pythagoras auf einer römischen Münze aus dem 3. Jh. n. Chr.*

ANTIKES GRIECHENLAND

Der Großteil des Inhalts von heutigen Lehrbüchern über Geometrie stammt von den alten Griechen, und die erste Anspielung auf den Goldenen Schnitt könnte aus der Zeit des Pythagoras, eines Mathematikers und Philosophen, der etwa von 570 bis 495 v. Chr. lebte, stammen. Man vermutet, dass das Pentagramm, ein fünfzackiger Stern, bei dem die Länge jedes Abschnittes zu jeder anderen Linie im Verhältnis des Goldenen Schnittes steht, das Symbol seiner Schule war und dass er und seine Schüler die Ersten waren, die einige der einzigartigen Eigenschaften des Goldenen Schnittes entdeckten.

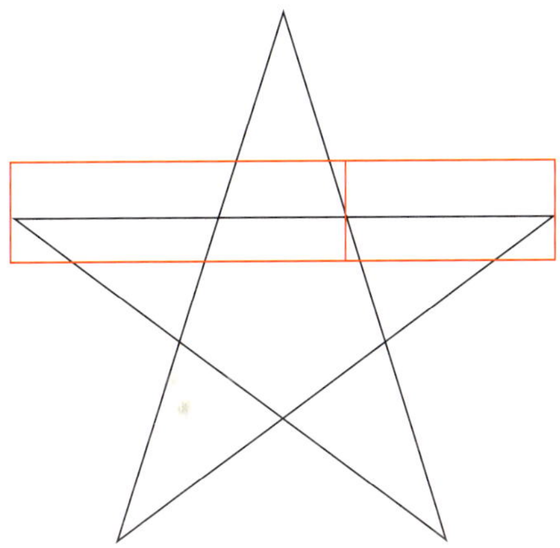

Links: *Der Goldene Schnitt beim Pentagramm.*

Rechts: *Das Verhältnis des roten Abschnittes zum grünen, des grünen Abschnittes zum blauen und des blauen Abschnittes zum violetten ist jeweils gleich Phi (Φ).*

Das Fünfeck in der Mitte des Pentagramms wird auch im Werk des bekannten griechischen Philosophen Platon (ca. 427–347 v. Chr) erwähnt – in seinem Dialog *Timaios* aus dem Jahr 360 v. Chr., der ein Universum bestehend aus vier Elementen, die durch vier fundamentale geometrische Körper (bekannt als die *platonischen Körper*) dargestellt werden, beschreibt. Der fünfte Körper ist das Dodekaeder – ein Verbund von zwölf Fünfecken, der die Form des Universums darstellen soll. In dem Dialog schrieb Platon auch von einem Verhältnis zwischen drei Zahlen, das ein direkter Vorläufer von Euklids „stetiger Teilung" sein könnte:

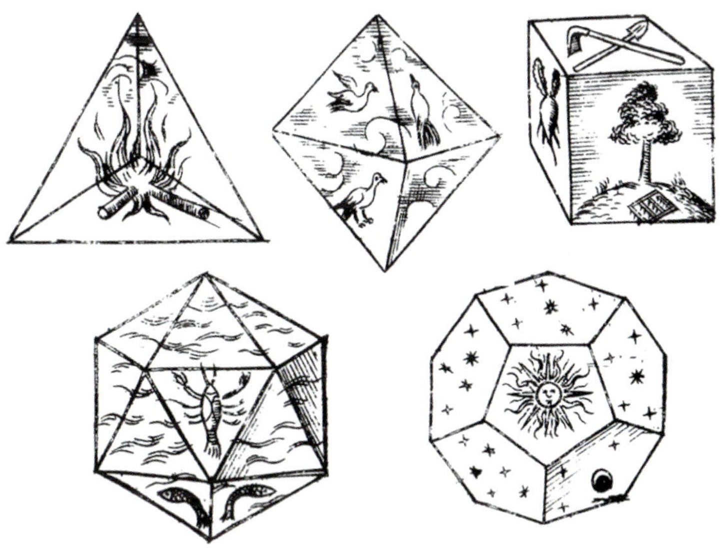

Unten: *Diese Illustration der fünf platonischen Körper und der dazugehörigen Elemente stammt aus Johannes Keplers* Mysterium Cosmographicum *(1596).*

„Wenn der mittlere Term sich ebenso zum letzten verhält wie der erste zum mittleren, dann wird sich ergeben, dass das Verhältnis notwendig dasselbe bleibt. So bilden sie alle damit eine Einheit." [2]

Bis heute ist jedoch nicht klar, ob sich diese Beschreibung auf Verhältnisse im Allgemeinen bezieht oder ob es sich um einen Verweis auf den Goldenen Schnitt handelt.

Dieses römische Mosaik aus dem 1. Jh. v. Chr. aus Pompeji, Italien, zeigt Plantons Akademie.

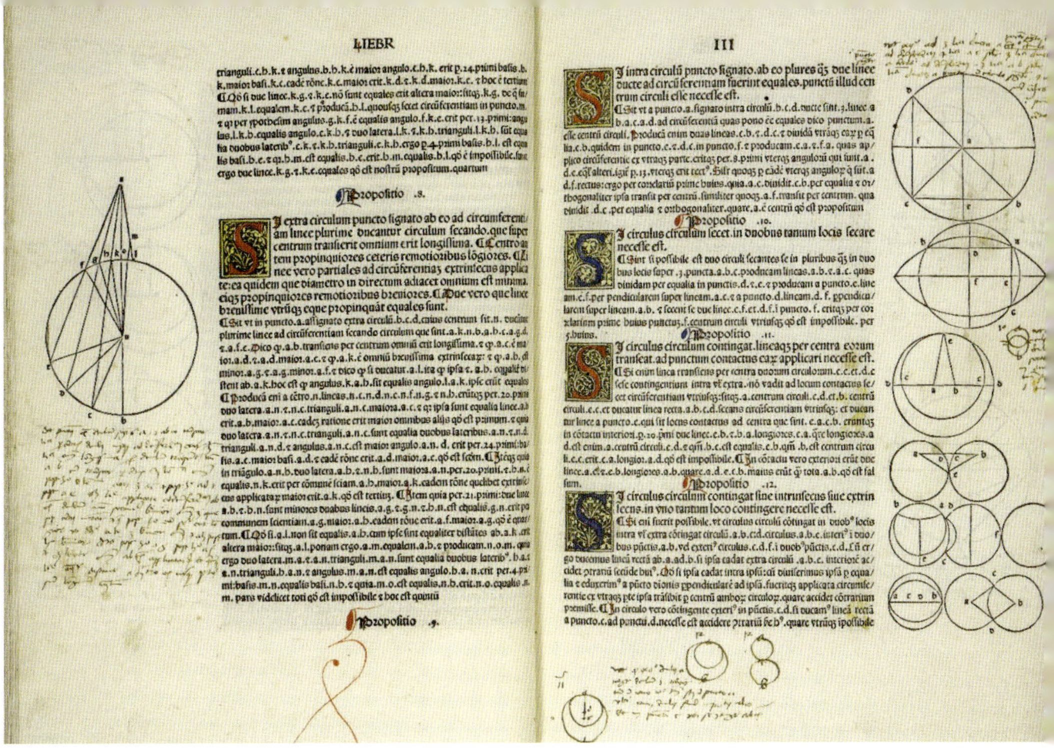

Man weiß zwar wenig über die Herkunft Euklids, aber er lebte im 3. Jh. v. Chr. im antiken Alexandria, als Ptolemäus I. (ca. 367 bis ca. 283 v. Chr.) das hellenistische Königreich Ägypten regierte. Euklids *Elemente* umfassen 13 Bücher und beinhalten illustrierte Definitionen, Lehrsätze, Axiome und Beweise, die Gebiete wie Geometrie, Zahlentheorie, Zahlenverhältnisse und inkommensurable Linien, also Linien, die man nicht als Verhältnis ganzer Zahlen ausdrücken kann, abdecken. Es handelt sich um ein grundlegendes Werk der Logik und der modernen Wissenschaft und wird heute als eines der einflussreichsten Werke überhaupt angesehen. Als es 1482 zum ersten Mal gedruckt wurde, war es eines der ersten Bücher über Mathematik, die nach der Erfindung des Buchdrucks durch den deutschen Schmied Johannes Gutenberg gedruckt erschienen, und es ist wahrscheinlich nach der Bibel das meist veröffentlichte Buch. Abraham Lincoln studierte es, um seine Fähigkeiten im logischen Denken zu verbessern, und 1922 schrieb die amerikanische Dichterin, Dramatikerin und Pulitzer-Preisträgerin Edna St. Vincent Millay ein Gedicht mit dem Titel „Euclid Alone Has Looked on Beauty Bare“ (Nur Euklid allein sah die bloße Schönheit).

Oben rechts: *Hier zu sehen sind die Lehrsätze 8 bis 12 aus Buch III der ersten gedruckten Ausgabe von Euklids* Elementen *aus dem Jahr 1482.*

Oben links: *Der flämische Maler Justus van Gent malte Euklid in seiner ca. 1474 entstandenen Serie „Berühmte Männer“.*

Diese arabische Übersetzung von Euklids Elementen *stammt vom persischen Universalgelehrten Nasir ad-Din at-Tusi (1201–1294.)*

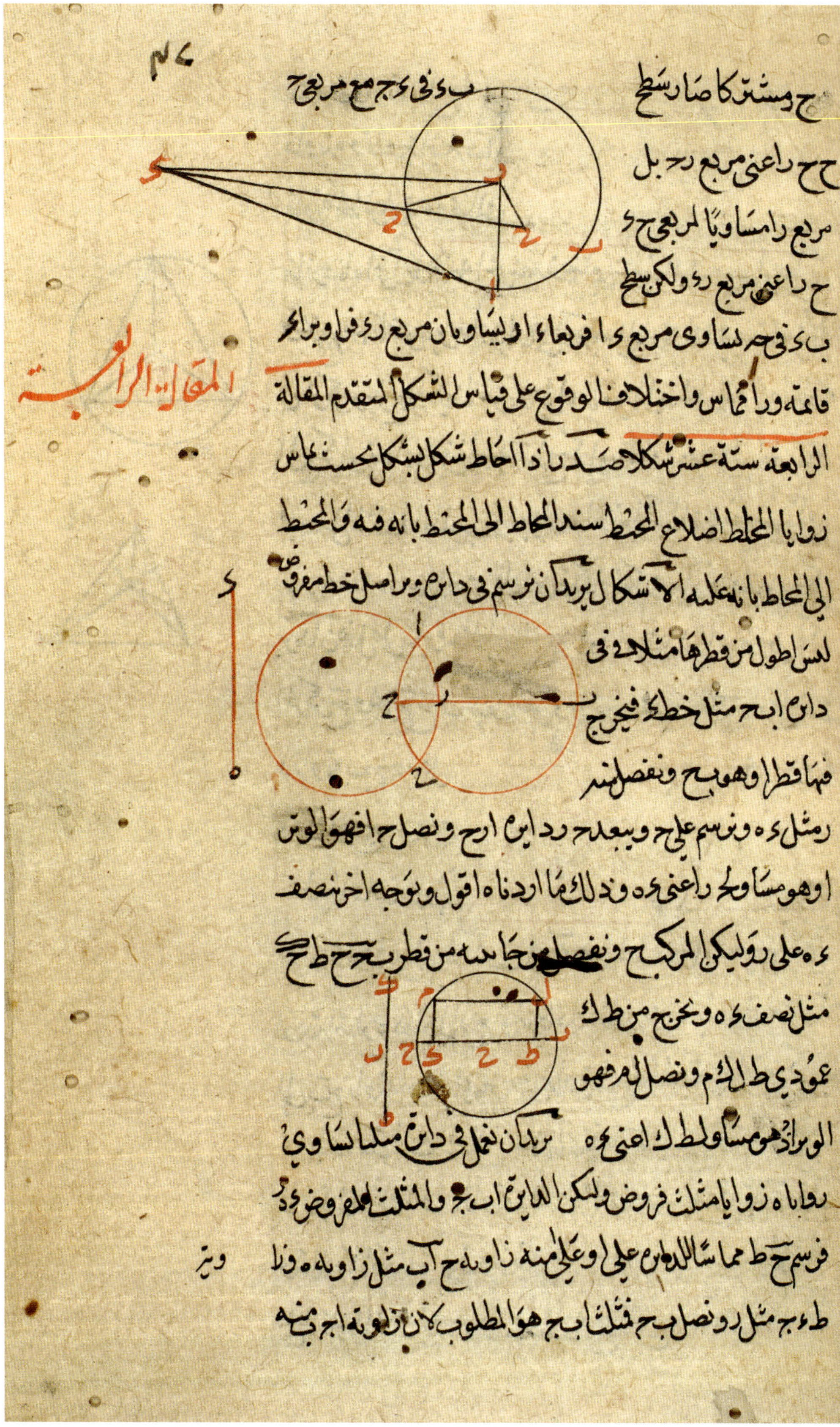

بنى سطح ب د فى د ج مسٰاوٍ بالمربع د و وذلك ما اردناه واقتصرنا ب
من هذه الاشكال على الاخير اقول ويتبين من هذا ان كل خطين يخرجان
من نقطه ويماسان دايرة بعينها عن جنبيها فهما متسا ويان اقول يمكن ان
يخرج هذا الشكل والذي قبله فى قول واحد وهو ان يقال اذا اخرج
من نقطة خطان متساميان الى ما تحاديهما من جانبى محيط دايرة و
خطان اخران مثلها وعن متسامتين اياهما فسطح احد الاولين فى
الاخر مساوي سطح احد الاخرين فى الاخر وقس البرهان عليه
اذا خرج خطان من نقطة خارجة من داية اليها قاطعا احدهما اياها
ومنتهيا الاخر اليها عن قاطع وكان سطح جميع القاطع فيما وقع منه
خارجا مساو بالمربع المنتهي مماسا للدايرة ولتكن الدايرة ابج و
النقطة د والقاطع د ج ب والمنتهي د ا او يخرج من د د ه مماسا لها

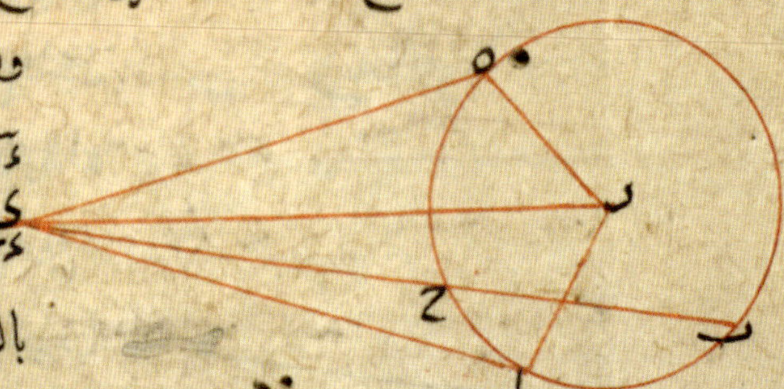

ونصل بين ر ا كم لروين
د ه فلان سطح ب د فى
د ج مساو بالمربع د ا
بالفرض والمربع د ه لما
مر يكون د ا د ه متساويين وكان ز ا ز ه متساويين و ز د مشتركا
فزاوية د ا ز تساوي زاوية د ه ز القائمة فهي قائمة و د ا العمود على ز
المماس وذلك ما اردناه اقول وهذا الشكل ليس فى نسخة الحجاج
وهو كالزيادة ما ثبت ووقع فى عاشر المقالة الرابعة اليه حاجة ولنورد
اخر ولنفذ الدايرة والخطين ونصل ز ا ز ج ومن ز على ب ج عمود ز ح
فلان سطح ب د فى د ج مع مربع ج ح مساوٍ مربع ح د واذا جعلنا مربع

In diesem Werk, das Einstein das „heilige kleine Geometrie-Lehrbuch" nannte, bezog sich Euklid mehrmals auf ein „stetiges Verhältnis" und zeigte anhand von Konstruktionen (inklusive des Pentagramms), wie es geometrisch abgeleitet wird. So finden wir in Buch VI folgende Konstruktion:[3]

Lehrsatz 30

Ein gegebener Abschnitt (AB) *wird stetig geteilt* (E).

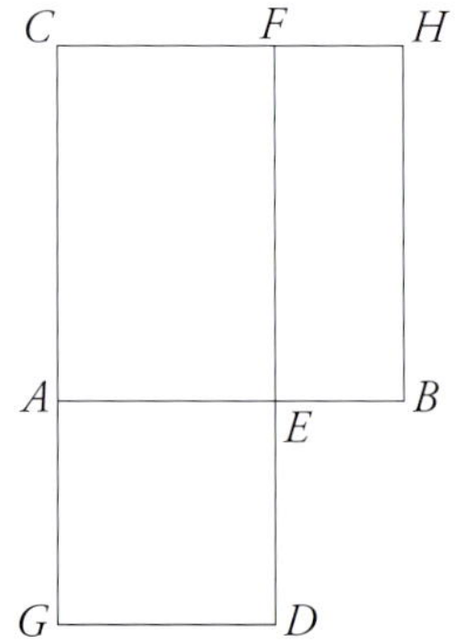

Euklid verlangt, ein Quadrat *ABHC* zu errichten, dessen Seiten gleich dem ursprünglichen Abschnitt *AB* sind, und weiters ein Rechteck *GCFD*, dessen Fläche gleich der von *ABHC* ist, wobei *GAED* ebenfalls ein Quadrat darstellt. Ist der Abschnitt $AC = 1$, dann gilt:

- Die Fläche des Quadrates $ABHC = 1$.
- Die Fläche des Rechtecks $CFEA = 1/\Phi$.
- Die Fläche sowohl des Quadrates *GAED* als auch des Rechtecks $EBHF = 1/\Phi^2$.

Euklid führt dieselbe Konstruktion bereits in Buch II, schon vor den Verhältnissen ein, wobei er den Mittelwert *E* von *AC* bestimmt und dann *EB* als Bogen annimmt, um die Länge der Abschnitte *EF* und *AF* wie folgt zu bestimmen:

Lehrsatz 11

Eine Strecke (AB) *wird so geteilt, dass das Rechteck* (BDKH), *das die ganze Strecke* (AB) *mit einem Teil* (BH) *ergibt, gleich dem Quadrat* (AFGH) *über dem anderen Teil* (AH) *ist.*

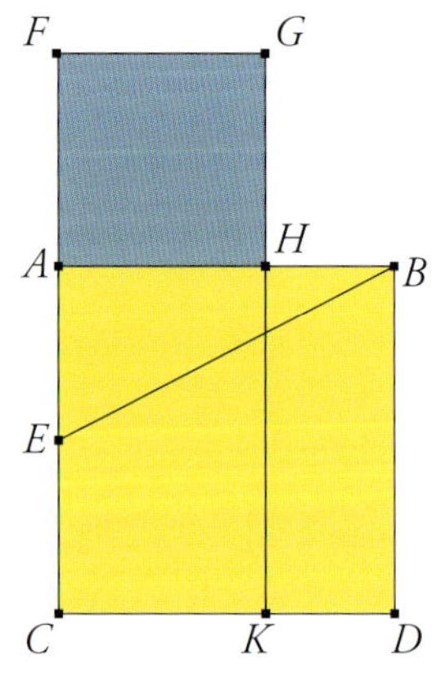

Andere Beispiele, die das stetige Verhältnis betreffen, finden sich in Buch XIII:

Lehrsatz 1

Wenn eine Strecke (AB) *in stetiger Teilung geteilt ist* (C), *dann ist das Quadrat* (DLFC) *über dem größeren Abschnitt addiert mit der Hälfte des Ganzen* (CD) *gleich dem Fünffachen des Quadrates (DPHA) über der halben Länge* (AD).

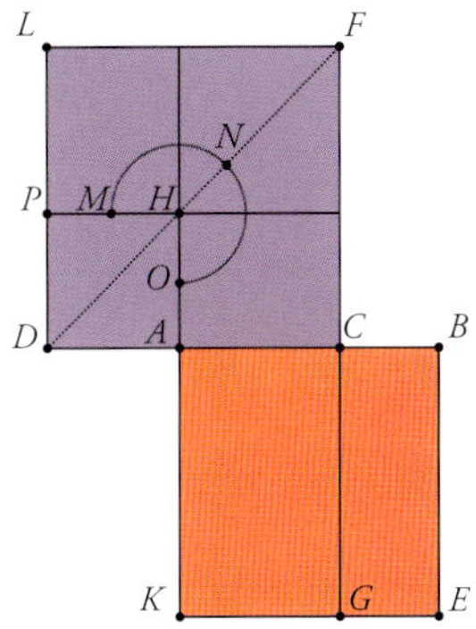

Lehrsatz 2

Ist das Quadrat (ALFB) *über einer Strecke* (AB) *gleich dem Fünffachen des Quadrates* (APHC) *über einem ihrer Abschnitte* (AC), *dann ist, wenn das Doppelte besagten Abschnittes* (CD) *stetig geteilt ist* (B), *der größere Abschnitt* (BC) *der zweite Abschnitt der ursprünglichen Strecke* (AB).

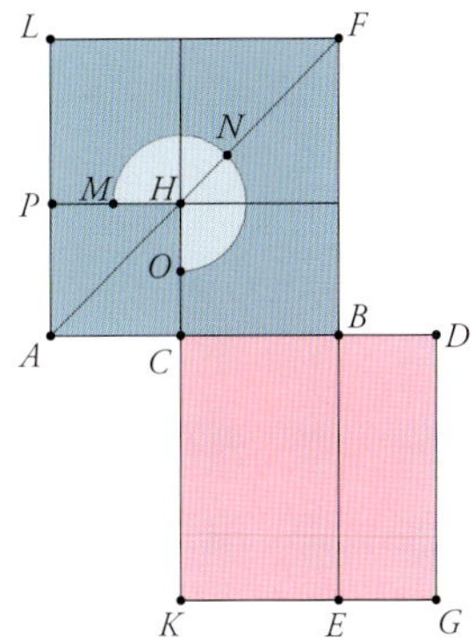

Lehrsatz 3

Wird eine Strecke (AB) *stetig geteilt* (C), *dann ist das Quadrat* (DBNK) *über der Summe* (BD) *des kleineren Abschnittes* (BC) *und der Hälfte des größeren Abschnittes* (AC) *das Fünffache des Quadrates* (GUFK) *über der Hälfte des größeren Abschnittes* (AC).

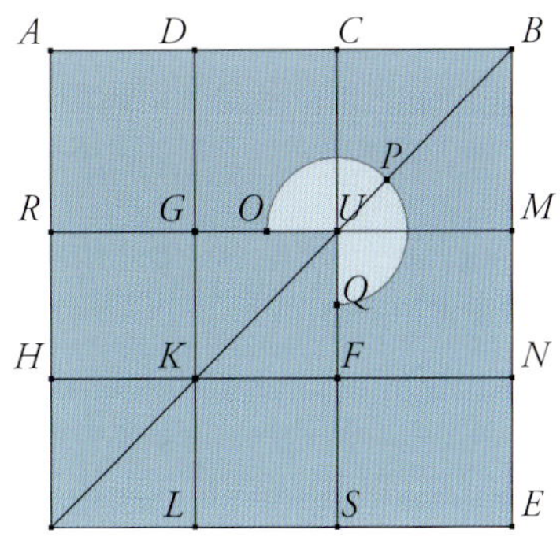

Lehrsatz 4

Wird eine Strecke (AB) *stetig geteilt* (C), *dann ist die Summe der Quadrate über der ganzen Strecke* (AB) *und über dem kleineren Abschnitt* (BC) *das Dreifache des Quadrates* (HFSD) *über dem größeren Abschnitt* (AC).

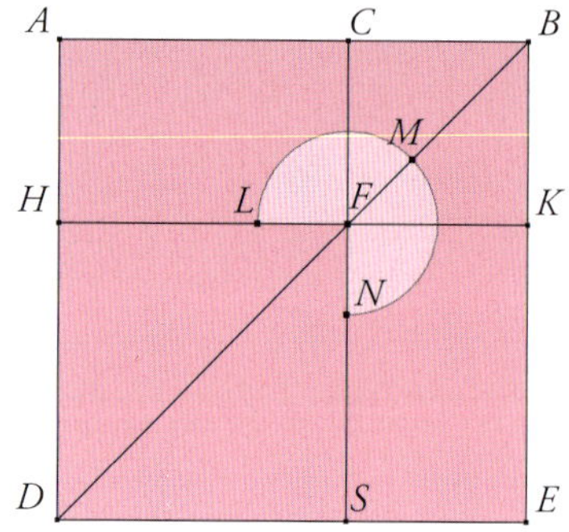

Lehrsatz 5

Wird eine Strecke (AB) *stetig geteilt* (C) *und man addiert eine Strecke, die gleich dem größeren Abschnitt ist* (AD), *dann ist die gesamte Strecke stetig geteilt* (A) *und die ursprüngliche Strecke* (AB) *ist der größere Abschnitt.*

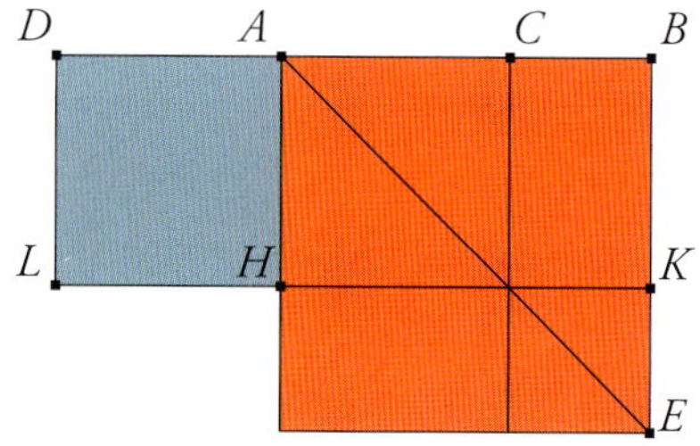

In Lehrsatz 6 führt Euklid das Konzept des *apotom* ein, das er folgendermaßen definiert: Die Teile einer Strecke „rationaler" oder quadriert rationaler Länge, die stetig geteilt ist, sind „irrational" – und zwar apotomisch. Kommen wir zu den Lehrsätzen 8 und 9 und entdecken wir die goldenen Eigenschaften des Fünfecks, gefolgt vom Goldenen Verhältnis der Seiten eines Sechsecks zu jenen eines Zehnecks.

Lehrsatz 8

Wenn sich im gleichseitigen und gleichwinkligen Fünfeck zwei Linien (AC, BE), *die jeweils zwei Eckpunkten verbinden, schneiden, dann schneiden sie sich in stetiger Teilung* (H), *wobei ihre größeren Abschnitte* (HE, HC) *gleich den Seiten des Fünfecks sind.*

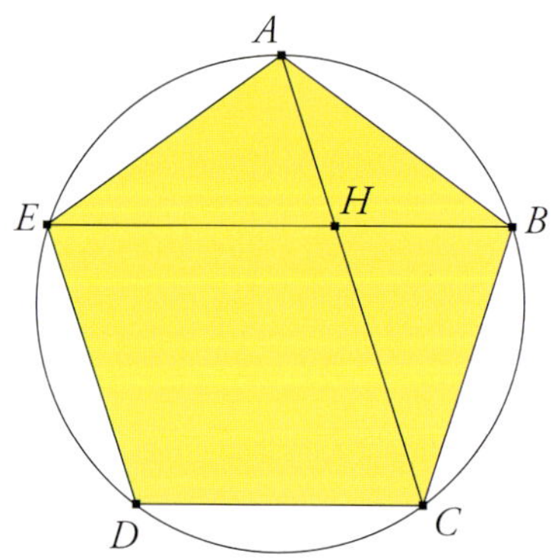

Lehrsatz 9

Die Seiten eines in denselben Kreis eingeschriebenen gleichseitigen Sechsecks (CD) *und eines gleichseitigen Zehnecks* (BC) *zusammen ergeben eine Strecke* (BD), *die stetig geteilt ist* (C), *wobei der größere Abschnitt gleich einer Seite des Sechsecks ist* (CD).

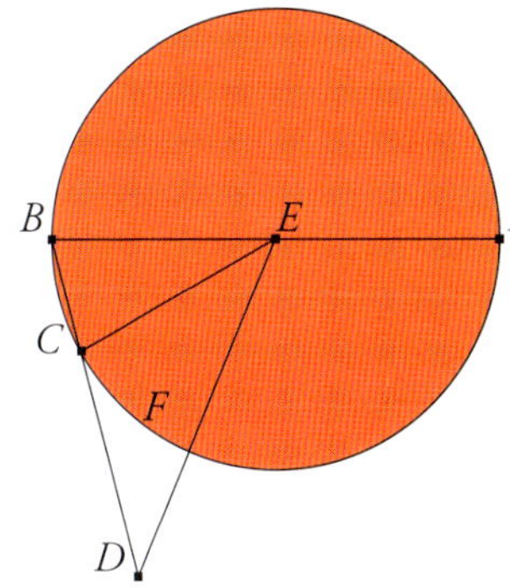

Sind Sie bereit für den Sprung in den dreidimensionalen Raum? Der letzte Lehrsatz beschreibt den Goldenen Schnitt bei Würfel und Dodekaeder:

Lehrsatz 17

Man konstruiere ein Dodekaeder und schreibe es in eine Kugel ein … und beweise, dass die Seiten des Dodekaeders (UV) *irrationale und zwar apotomische Strecken sind. Daraus folgt: Ist eine Seite eines Würfels* (NO) *stetig geteilt, dann entspricht der größere Abschnitt* (RS) *der Seitenlänge des Dodekaeders.*

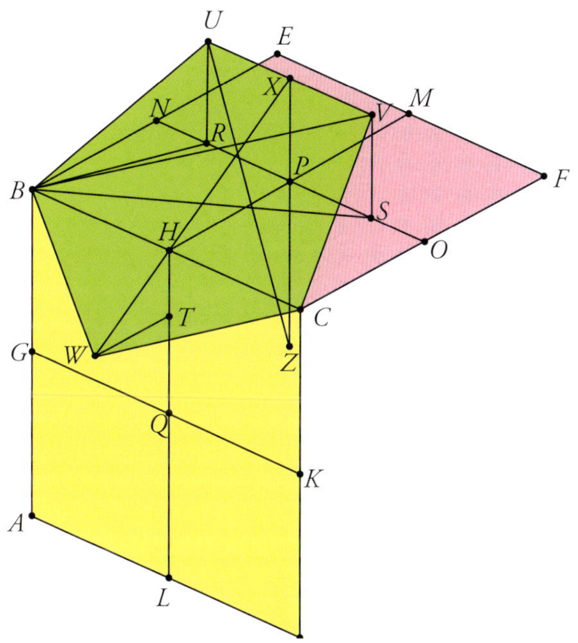

Im letzten Beispiel zeigt Euklid, dass die Seiten des Dodekaeders (im Lehrsatz Abschnitt *UV*) Apotome sind – das heißt, jeweils der größere von zwei irrationalen Abschnitten, die eine rationale Linie bilden, die gleich der Seitenlänge (im Lehrsatz Abschnitt *NO*) des eingeschriebenen Würfels ist. Um dieses Verhältnis zu illustrieren, werden die Seiten des Würfels an den Punkten *G, H, K, L, M, N* und *O* halbiert. Dann werden *GK, HL, HM* und *NO* verbunden, um Abschnitte zu bilden, die jeweils der Breite des Würfels entsprechen. Die Abschnitte *NP, PO* und *HQ* werden nun an den Punkten *R, S* und *T* stetig geteilt. Da die Abschnitte *RU* und *SV* im rechten Winkel zum Würfel stehen, ist die Länge des Abschnittes *RS*, des größeren Apotoms der rationalen Strecke *NO*, gleich der Länge des Abschnittes *UV*, der eine Seite des gleichwinkligen und gleichseitigen Dodekaeders UBWCV darstellt.

KONSTRUKTION DES GOLDENEN SCHNITTES

Euklid gab uns eine wunderbare Grundlage für das Verständnis der vielen Erscheinungsformen des Goldenen Schnittes in der Geometrie. Aber es geht auch noch einfacher. Betrachten wir einige der anderen einfachen geometrischen Konstruktionen des Goldenen Schnittes, beginnend mit einer Linie, dann einem Dreieck, einem Quadrat und einem Fünfeck. Im Gegensatz zu David Lettermans „Top 10"-Listen werde ich mit dem beginnen, das wahrscheinlich das Erstaunlichste ist – und zwar wegen seiner Schlichtheit. (Ich beschreibe diesen Ansatz gerne als „unglaublich einfach und doch einfach unglaublich".)

DREI LINIEN

Hätte Euklid diese elegante Konstruktion gesehen, wäre vermutlich er statt Archimedes in die Geschichte eingegangen, als derjenige, der nackt durch die Straßen lief und „Heureka!" schrie.

1. Suchen Sie sich drei Stöckchen (Stifte, Stäbchen, Strohhalme oder was immer Sie haben) mit der gleichen Länge.
2. Legen Sie das erste in eine vertikale Position.
3. Legen Sie das zweite an den Mittelpunkt des ersten.
4. Legen Sie das dritte an den Mittelpunkt des zweiten, sodass die unteren Enden der Stöckchen wie abgebildet auf einer Linie liegen.

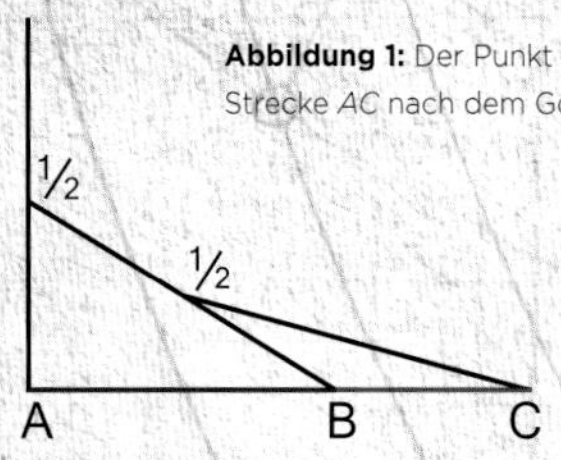

Abbildung 1: Der Punkt *B* teilt die Strecke *AC* nach dem Goldenen Schnitt.

DREI SEITEN: DREIECK

Hier haben wir eine andere geometrische Konstruktion, die einfacher ist als jede Konstruktion Euklids.

1. Zeichnen Sie mithilfe eines Zirkels einen Kreis und schreiben Sie in diesen ein gleichseitiges Dreieck ein.
2. Ziehen Sie eine Gerade durch den Mittelpunkt zweier Seiten des Dreiecks bis zum Rand des Kreises.

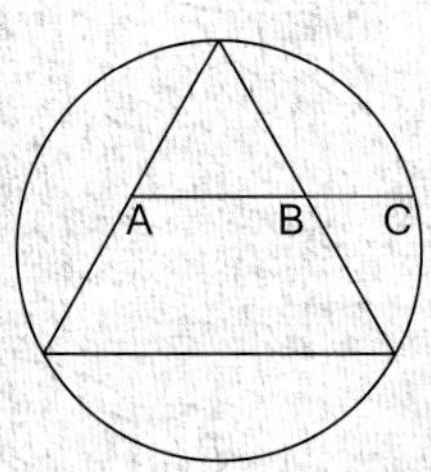

Abbildung 2: Der Punkt *B* teilt die Strecke *AC* nach dem Goldenen Schnitt.

VIER SEITEN: QUADRAT

Diese Konstruktion ähnelt Euklids Lehrsatz mit dem Bogen zum Mittelpunkt eines Quadrates – doch wir machen es verkehrt herum.

1. Zeichnen Sie mit einem Zirkel einen Kreis und teilen Sie diesen in zwei Halbkreise.
2. Schreiben Sie, wie abgebildet, in einen Halbkreis ein Quadrat ein.

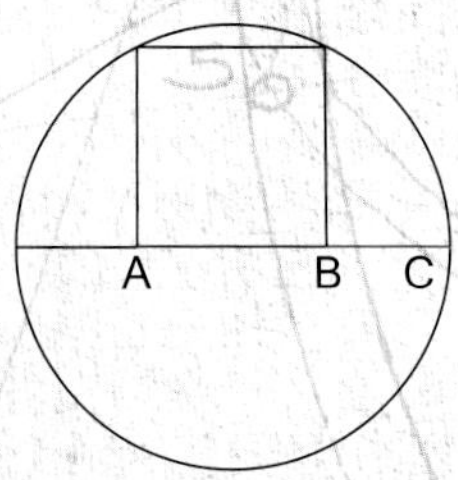

Abbildung 3: Auch bei dieser Konstruktion teilt der Punkt *B* die Strecke *AC* nach dem Goldenen Schnitt.

FÜNF SEITEN: FÜNFECK

Diese Konstruktion ist die einzige, die auch in den *Elementen* enthalten ist – als Lehrsatz 8 im Buch XIII.

1. Zeichnen Sie mit einem Zirkel einen Kreis, dem Sie ein gleichseitiges Fünfeck einschreiben, indem Sie fünf Punkte, die im selben Abstand auf dem Kreis liegen, miteinander verbinden.
2. Verbinden Sie, wie abgebildet, zwei Ecken durch eine Gerade und dann zwei anderen Ecken durch eine weitere Gerade.

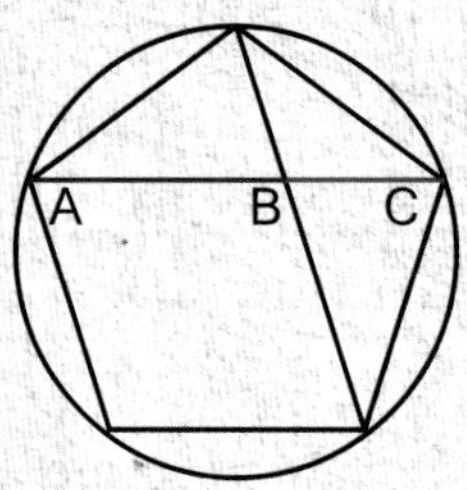

Abbildung 4: Der Punkt *B*, an dem sich die beiden Linien schneiden, teilt die Strecke *AC* nach dem Goldenen Schnitt.

Sehen Sie, wie einfach das ist? Goldene Schnitte scheinen sich ohne viel Planen oder große Anstrengung zu zeigen. (Siehe Anhang B für weitere geometrische Konstruktionen des Goldenen Schnittes.)

PYTHAGORAS UND KEPLER SPAZIEREN IN EIN ... DREIECK?

Kennen Sie einen Witz, der so beginnt: „Pythagoras und Kepler spazieren in eine Bar ...“? Vermutlich nicht, aber Sie werden sehen, dass man mithilfe der Erkenntnisse der beiden historischen Mathematiker eine weitere einzigartige Eigenschaft des Goldenen Schnittes erklären kann. Abgesehen vom Pentagramm kennt man Pythagoras am ehesten für den gleichnamigen Satz, der lautet: Die Seitenlängen a, b und c (wobei c die Hypotenuse ist) eines rechtwinkligen Dreiecks stehen in folgendem Verhältnis zueinander:

$$a^2 + b^2 = c^2$$

Wie in der Einleitung erwähnt, ist Phi die einzige Zahl, deren Quadrat um genau 1 größer ist als sie selbst:

$$\Phi + 1 = \Phi^2$$

Zweitausend Jahre nachdem Pythagoras seinen berühmten Satz formulierte, bemerkte der deutsche Mathematiker Johannes Kepler (1571–1630) die Ähnlichkeit zwischen den beiden Gleichungen. Dies führte zur Entdeckung eines einzigartigen Dreiecks, heute bekannt unter der Bezeichnung Kepler-Dreieck, dessen Seitenlängen 1, $\sqrt{\Phi}$ und Φ betragen.

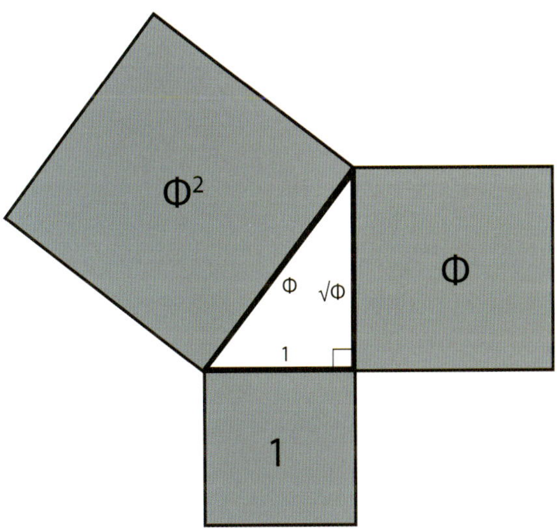

Dieses Porträt Johannes Keplers aus dem Jahr 1610 von einem unbekannten Künstler stammt aus dem Benediktiner-Stift Kremsmünster in Österreich.

Kepler beobachtete ein weiteres Charakteristikum dieses Dreiecks und schrieb an seinen früheren Lehrer Michael Mästlin:

> *„Errichtet man auf einer stetig geteilten Geraden ein rechtwinkliges Dreieck, sodass der rechte Winkel auf der an diesem Punkt gezogenen Senkrechten liegt, dann ist der kürzerer Schenkel gleich dem größeren Abschnitt der stetig geteilten Geraden."*[4]

Er bezieht sich auf die zwei Schenkel des unten abgebildeten Dreiecks mit der Länge 1.

Zieht man in einem Kepler-Dreieck eine Linie senkrecht zur Hypotenuse durch den rechten Winkel, stehen die Abschnitte links und rechts der Linie zueinander im Goldenen Schnitt, und die so entstehenden Dreiecke weisen dieselben Verhältnisse auf wie das ursprüngliche Kepler-Dreieck.

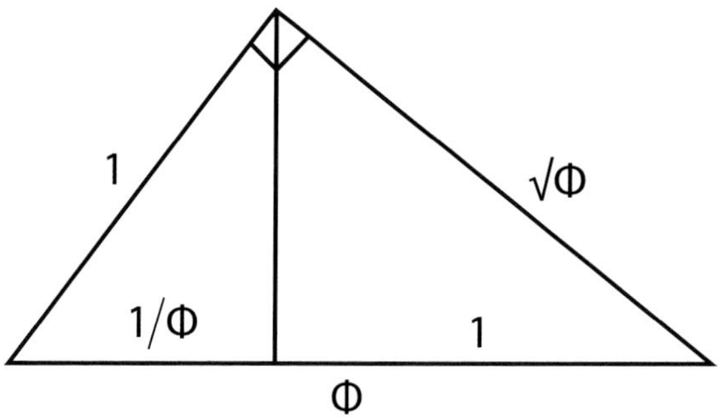

Das pythagoreische Tripel ist das einzige rechtwinklige Dreieck, dessen Seiten eine arithmetische Folge bilden, in der die Differenz zweier benachbarter Folgenglieder konstant ist:

$$3 + 1 = 4$$
$$4 + 1 = 5$$

Eigenartigerweise ist das $\sqrt{\Phi}$-1-Φ-Kepler-Dreieck das einzige rechtwinklige Dreieck, dessen Seiten eine geometrische Folge bilden, in der sich jeder nachfolgende Term aus der Multiplikation mit einem gemeinsamen Vielfachen ergibt. In diesem besonderen Fall ist das gemeinsame Vielfache die Quadratwurzel des Goldenen Schnittes:

$$1 \times \sqrt{\Phi} = \sqrt{\Phi}$$
$$\sqrt{\Phi} \times \sqrt{\Phi} = \Phi$$

Kommen wir zurück zu Pythagoras. Im Pentagramm findet man zwei weitere Dreiecke im Verhältnis des Goldenen Schnittes – nämlich zwei Dreiecke mit einem Verhältnis von Φ zu 1 von Grundlinie und Seiten.

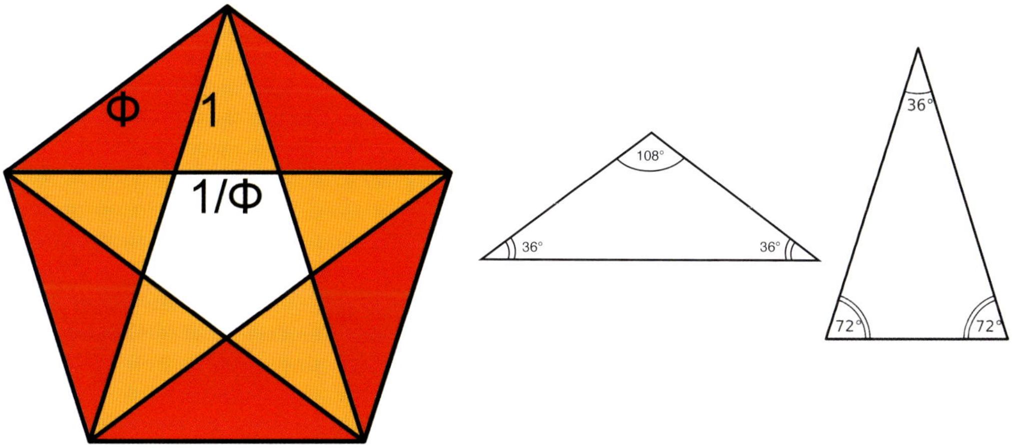

Das Pentagramm (links) kann man in mehrere Goldene Dreiecke (rechts) und Goldene Gnomone (Mitte) teilen, die alle mindestens einen Winkel von 36 Grad haben.

Das stumpfwinklige Dreieck oben in der Mitte nennt man Goldenes Gnomon, das spitzwinklige, gleichschenklige rechts nennt man Goldenes Dreieck. Diese beiden sind die Grundlage für eine weitere wichtige mathematische Entdeckung: die Penrose-Kacheln (siehe Seite 34).

DER GOLDENE SCHNITT – ORIGAMI-VARIANTE

Wenn Sie jemanden kennen, der sich für Mathematik oder Geometrie überhaupt nicht begeistern kann, dann versuchen Sie es mit dieser Konstruktion des Goldenen Schnittes – denn man benötigt dafür weder Mathematik noch Geometrie! Alles, was man dazu braucht, ist ein Stück Papier. Falten Sie das Papier zu einem Knoten und drücken Sie diesen flach. (Denken Sie nicht zu viel darüber nach, machen Sie es einfach!)

Dieser „Knoten" bildet ein Fünfeck mit beiden Varianten des Goldenen Dreiecks, deren Grundlinien und Seiten im Verhältnis des Goldenen Schnittes stehen.

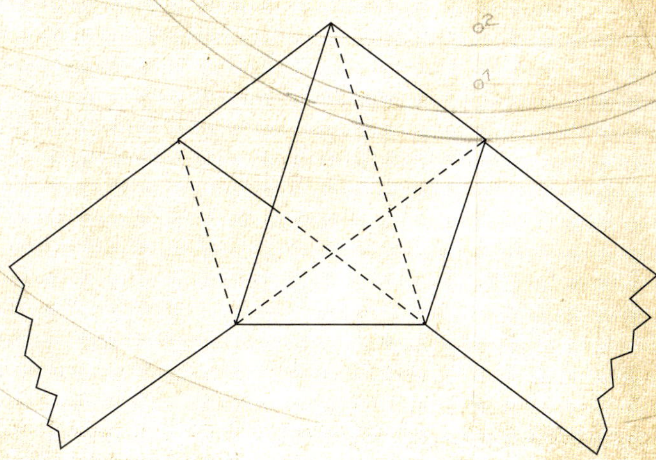

SPHÄRENHARMONIE

Sowohl Pythagoras als auch Kepler sahen die Mathematik überall – von den Vibrationen eines Saiteninstruments bis zur Bewegung der Planeten. Obwohl man es nicht sicher weiß, wird vermutet, dass Pythagoras der Erste war, der das umgekehrte Verhältnis der Höhe eines Tones zur Länge einer Saite feststellte, und er ging sogar noch weiter, indem er ein harmonisches Zusammenspiel der sich bewegenden Himmelskörper zu einem für den Menschen unhörbaren Klang vermutete – eine Theorie, die seit Jahrhunderten unter dem Namen *musica universalis* oder „Spährenharmonie" bekannt ist.

Keplers Interesse reichte bis ins Mystische, und er beschrieb seine Vorstellung, das Universum sei ein harmonisches Arrangement von geometrischen Formen, in seinem 1596 erschienenen *Mysterium Cosmographicum (Das Weltgeheimnis)* sowie in dem 1619 veröffentlichten *Harmonices Mundi (Von der Harmonie der Welt).* In Ersterem stellte Kepler die Behauptung auf, dass die Umlaufbahnen der damals bekannten sechs Planeten mit einer verschachtelten Anordnung der fünf platonischen Körper (siehe Seite 16) in Beziehung zu setzen seien, die jeweils in Kugeln eingeschrieben sind, wobei die äußerste die Umlaufbahn des Saturns darstellt. Dieses Modell stellte sich zwar als falsch heraus, doch er fuhr fort, den Kosmos zu erklären, und veröffentliche 1617 den ersten Band der *Astronomiae Copernicanae*, in dem er seine wichtigsten Entdeckungen veröffentlichte: die elliptische Form der planetaren Umlaufbahnen und das erste seiner drei Gesetze über den Lauf der Planeten um die Sonne.

Diese Darstellung des Kepler'schen Modells des Sonnensystems zeigt die fünf ineinander verschachtelten platonischen Körper.

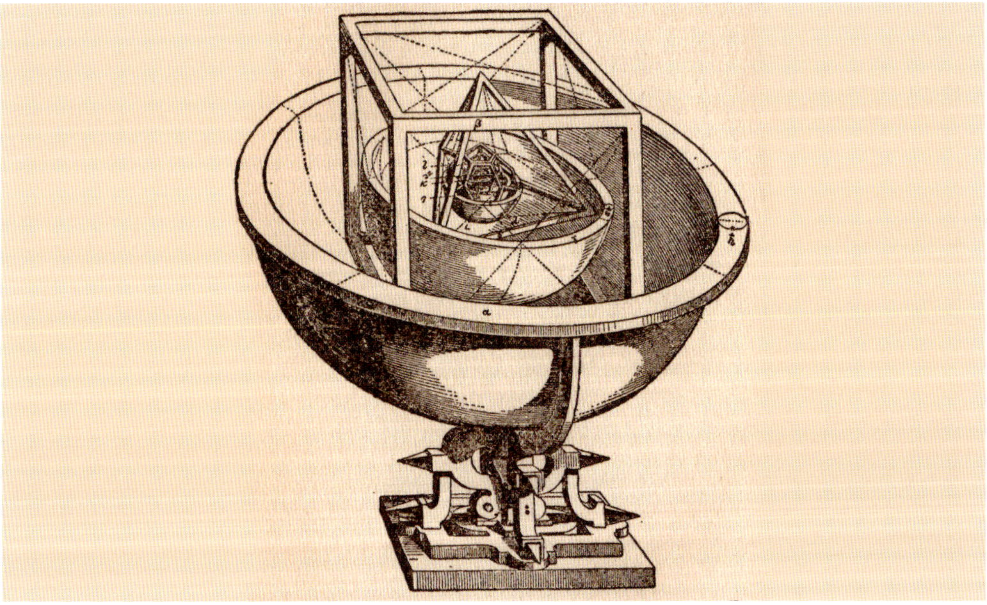

Obwohl die Hypothese der Verschachtelung der platonischen Körper in *Mysterium Cosmographicum* nicht aufrechtzuerhalten war, ist Keplers erstes Modell des Universums an sich schon mathematisch brillant. Eine der besonderen Eigenschaften dieser Körper, darunter (unten, von links nach rechts) Tetraeder, Würfel, Oktaeder, Dodekaeder und Ikosaeder, ist, dass sie aus identischen Flächen bestehen, die an den Kanten aufeinandertreffen.

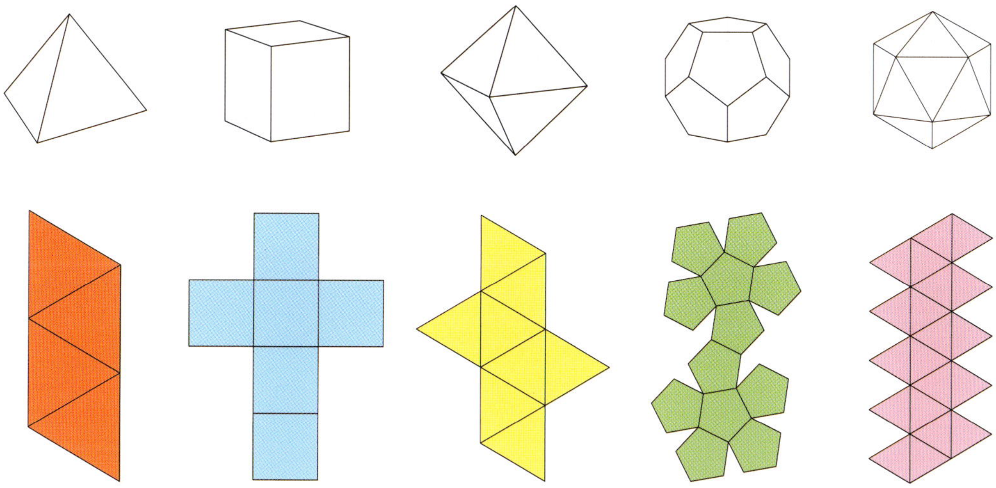

Zwei dieser fünf wunderschönen platonischen Körper, das Dodekaeder und das Ikosaeder, basieren geometrisch auf dem Goldenen Schnitt. Jeder ihrer Eckpunkte ergibt sich aus einer einfachen Konstruktion mithilfe dreier Goldener Rechtecke (d. h. Rechtecke, deren Verhältnis der Länge zur Breite gleich Phi ist).

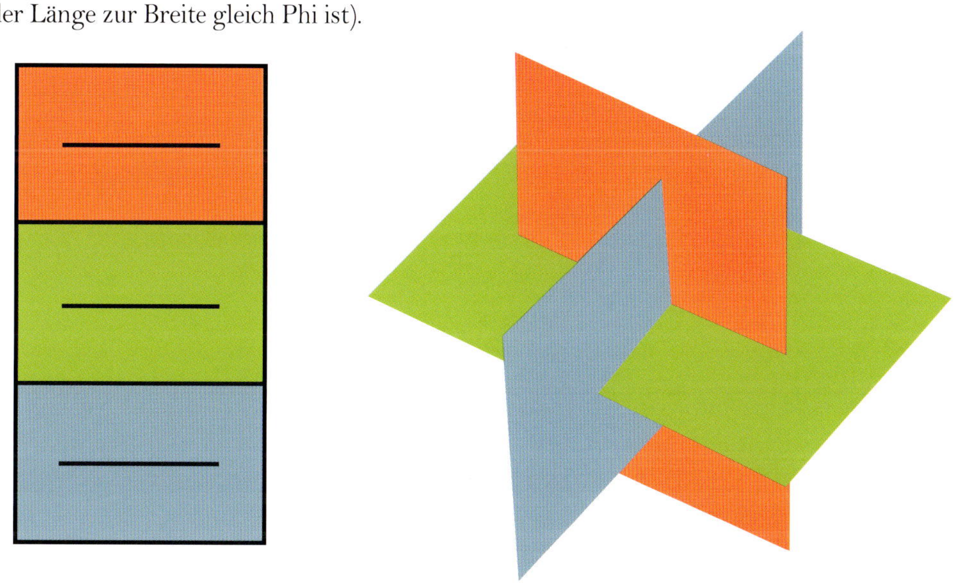

Man kann die drei Goldenen Rechtecke (links) zu einer verschachtelten Form (rechts) „zusammenstecken". Diese Form ist die Grundlage für das zwölfseitige Dodekaeder und das zwanzigseitige Ikosaeder.

Im Falle eines Dodekaeders werden
die 12 Ecken zu
den 12 Mittelpunkten jedes
der 12 Fünfecke, die
die 12 fünfeckigen Flächen bilden.

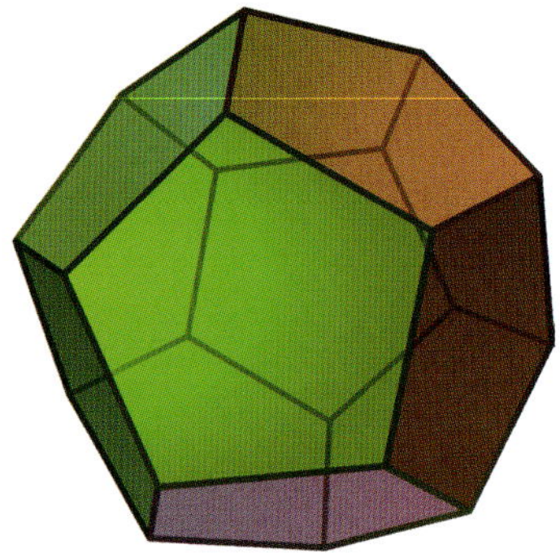

Dodekaeder

Im Falle eines Ikosaeders werden
die 12 Ecken zu
den 12 Eckpunkten
der 20 Dreiecke, die
die 20 dreieckigen Flächen bilden.

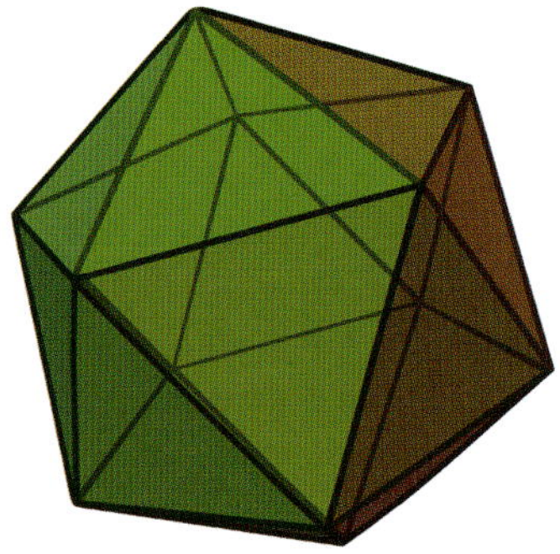

Ikosaeder

Schreibt man die verschachtelte Konstruktion der Goldenen Rechtecke in ein dreidimensionales kartesisches Koordinatensystem (X, Y, Z) ein, dann werden die zwölf Eckpunkte eines Ikosaeders mit der Kantenlänge 2 und dem Mittelpunkt im Schnittpunkt der Koordinaten wie folgt dargestellt:

X-Z-*Ebene (grün,* $y = 0$*)*: $(\pm 1, 0, \pm\Phi)$
Y-Z-*Ebene (blau,* $x = 0$*)*: $(0, \pm\Phi, \pm 1)$
X-Y-*Ebene (rot,* $z = 0$*)*: $(\pm\Phi, \pm 1, 0)$

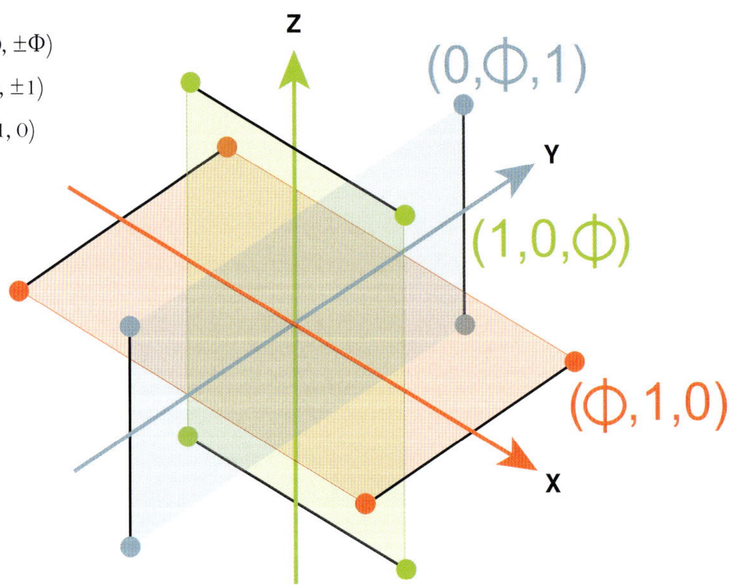

Für ein Dodekaeder erhält man die folgenden Koordinaten für die 20 Eckpunkte. Das entstehende Dodekaeder umschließt einen Würfel mit der Kantenlänge 2 und dem Mittelpunkt im Schnittpunkt der Koordinaten:[6]

oranger Würfel: (±1, ±1, ±1)
Y-Z-*Ebene: (grün* x = *0)*: (0, ±Φ, ±1/Φ)
Y-Z-*Ebene: (blau,* y = *0)*: (±1/Φ, 0, ±Φ)
Y-Z-*Ebene: (rot,* z = *0)*: (±Φ, ±1/Φ, 0)

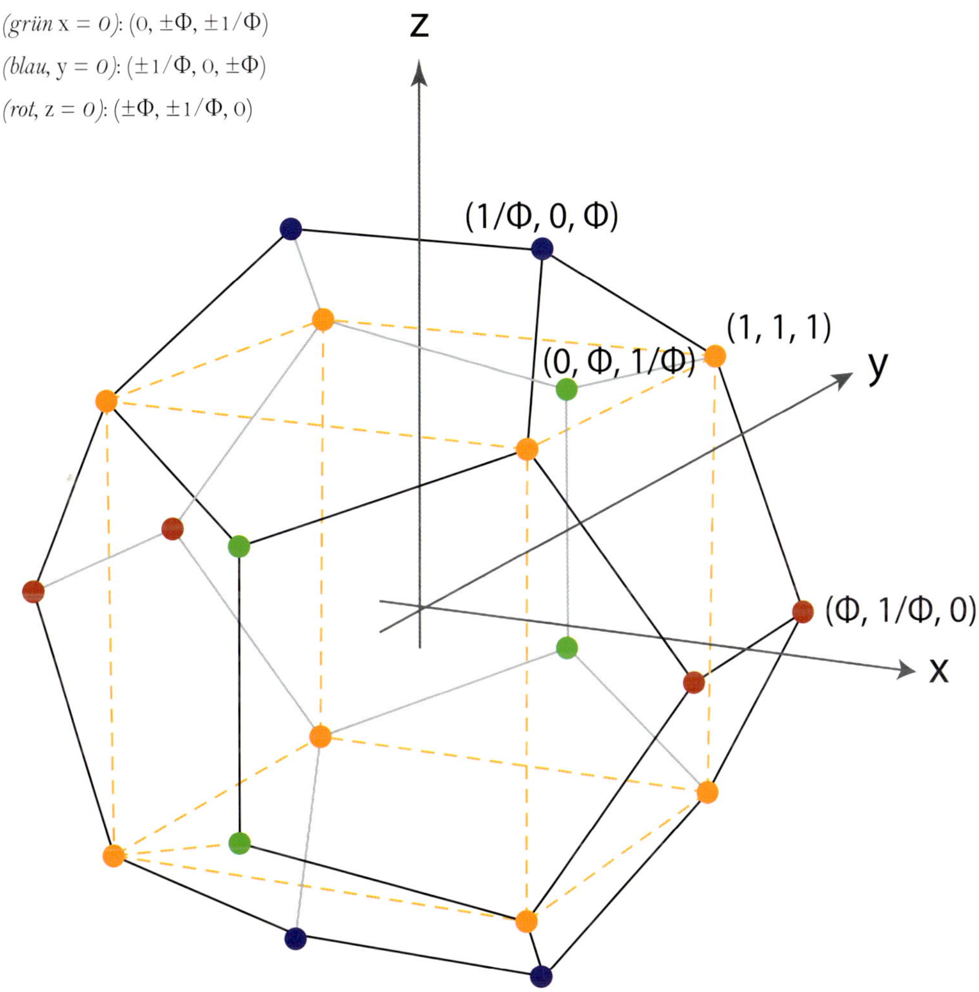

Ausgehend davon, was wir über die Proportionen eines Fünfecks wissen, sollten die Kanten eines Dodekaeders, das einen Würfel mit der Kantenlänge 2 umschließt, eine Länge von 2/Φ haben.

PENROSE-KACHELN

Überträgt man, wie auf Seite 31, die Oberflächen jedes platonischen Körpers in den zweidimensionalen Raum, kann man eine Flächen vollständig und symmetrisch mit Kacheln mit drei, vier und sechs Seiten auslegen, aber was ist mit Kacheln in der Form eines Fünfecks? Auch Pentagramme weisen Linien mit wunderschönen Goldenen Verhältnissen auf, aber es schien lange Zeit so, als ob man sie nicht wie Dreiecke, Quadrate oder Sechsecke anordnen könnte. Bis der englischen Mathematiker und Physiker Sir Roger Penrose (geb. 1931) in den frühen 1970er-Jahren entdeckte, dass man die zwei Goldenen Dreiecke innerhalb eines Fünfecks (siehe Seite 29) zu Paaren zusammensetzen kann und damit ganz neue symmetrische Kacheln erzeugt, die man zu verschiedenen Mustern kombinieren kann. Zum Beispiel kann man zwei spitzwinklige Dreiecke zu einem „Drachen“ (Abb. b, golden) und zwei stumpfwinklige zu einem „Pfeil“ (Abb. b, rot) zusammensetzen, auch Diamanten (Abb. c) sind möglich. Weiters kann man einen Drachen und einen Pfeil zu einem Rhombus (Abb. b) mit der Seitenlänge Φ kombinieren. Mithilfe dieser sogenannten Penrose-Kacheln kann man einen zweidimensionalen Raum auch mit Fünfecken vollständig ausfüllen.

a.

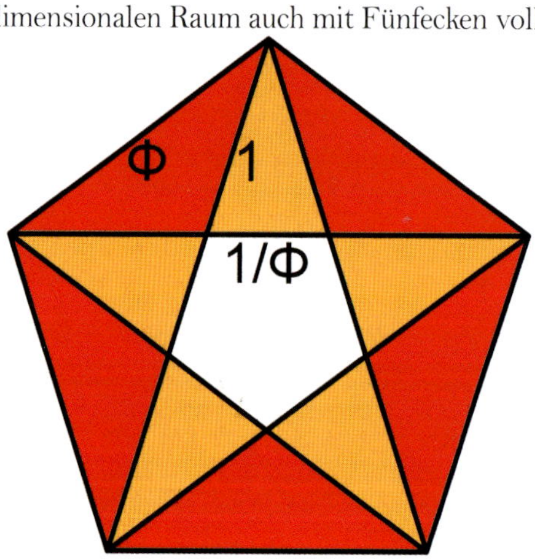

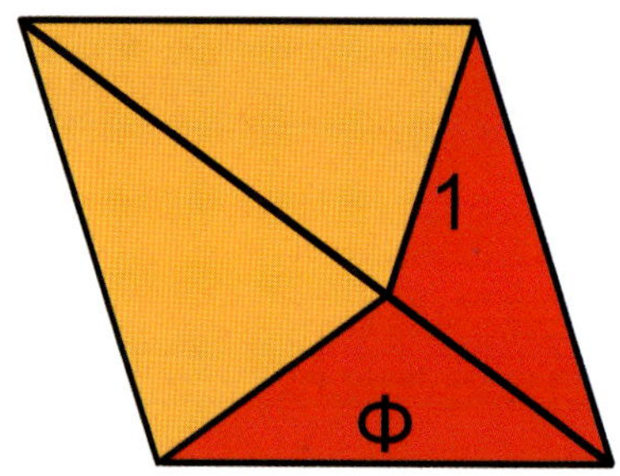

b.

c.

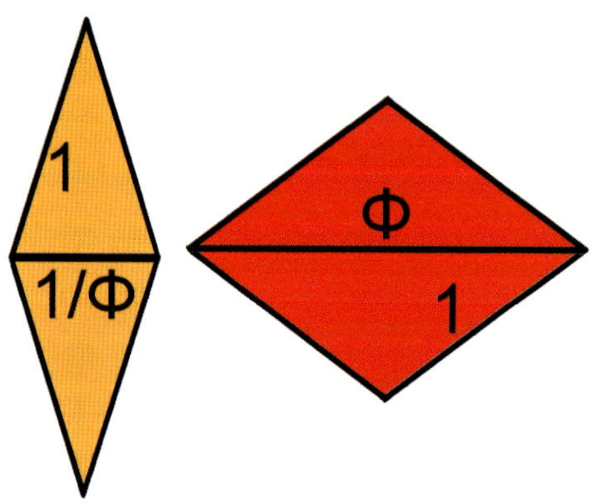

d.

Füllt man mit den Kacheln größere Flächen, so nähert sich das Verhältnis der verschiedenen Kachelarten zueinander immer mehr 1,618, dem Goldenen Schnitt, an. Je nachdem, wie sie arrangiert werden, weisen die Kacheln eine fünffache Rotationssymmetrie auf. Kleinere Abschnitte von Fünffach-Symmetrie, wie Sterne oder Zehnecke, können ebenfalls auftreten. Wie wir in Kapitel 5 sehen werden, existiert diese Art der Fünffach-Symmetrie auch in der Natur.

Verschiedene Anordnungen von Penrose-Kacheln. Beachten Sie das zahlreiche Aufscheinen von fünfseitigen Formen, wie Pentagrammen und Fünfecken.

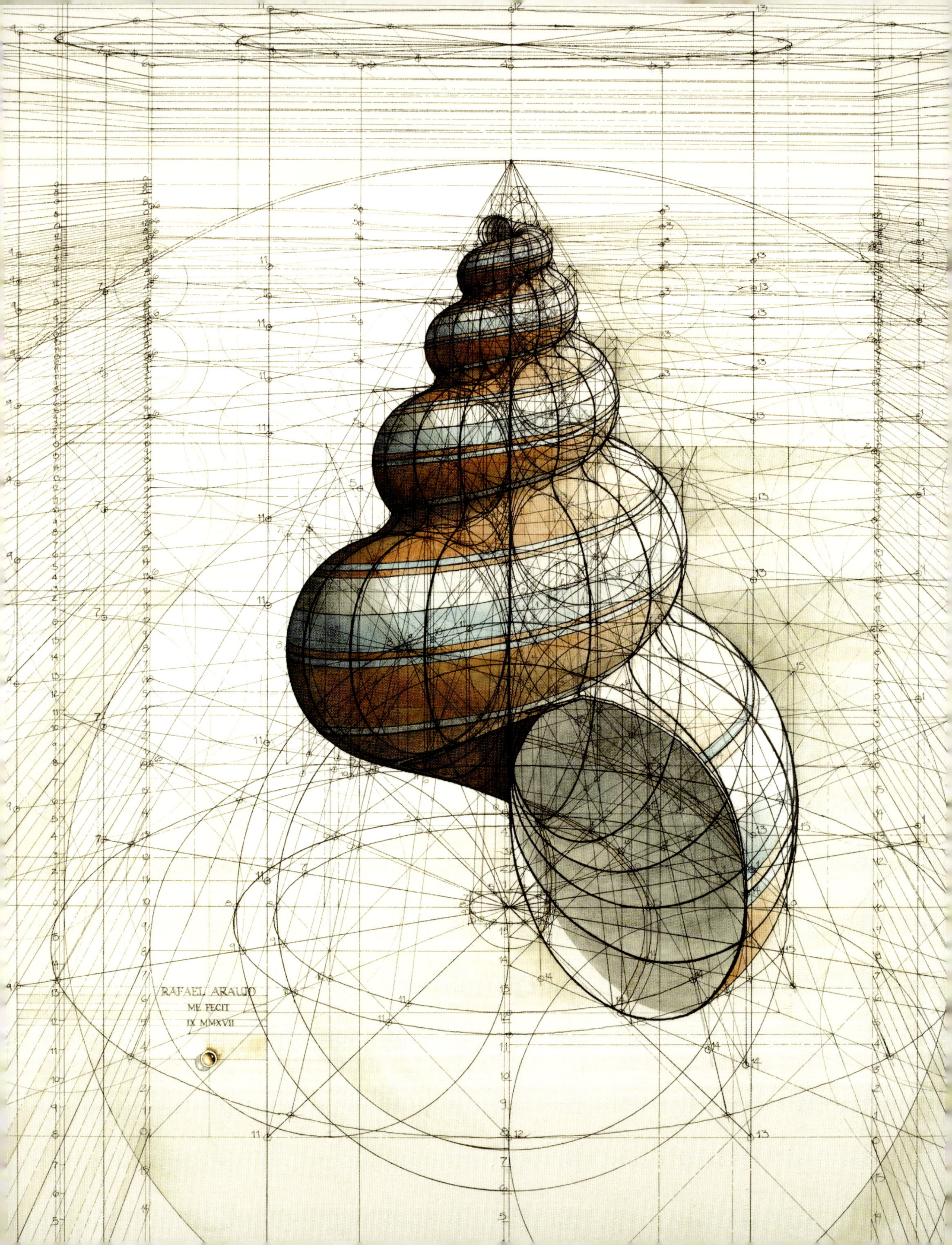
RAFAEL ARAUJO
ME FECIT
IX MMXVII

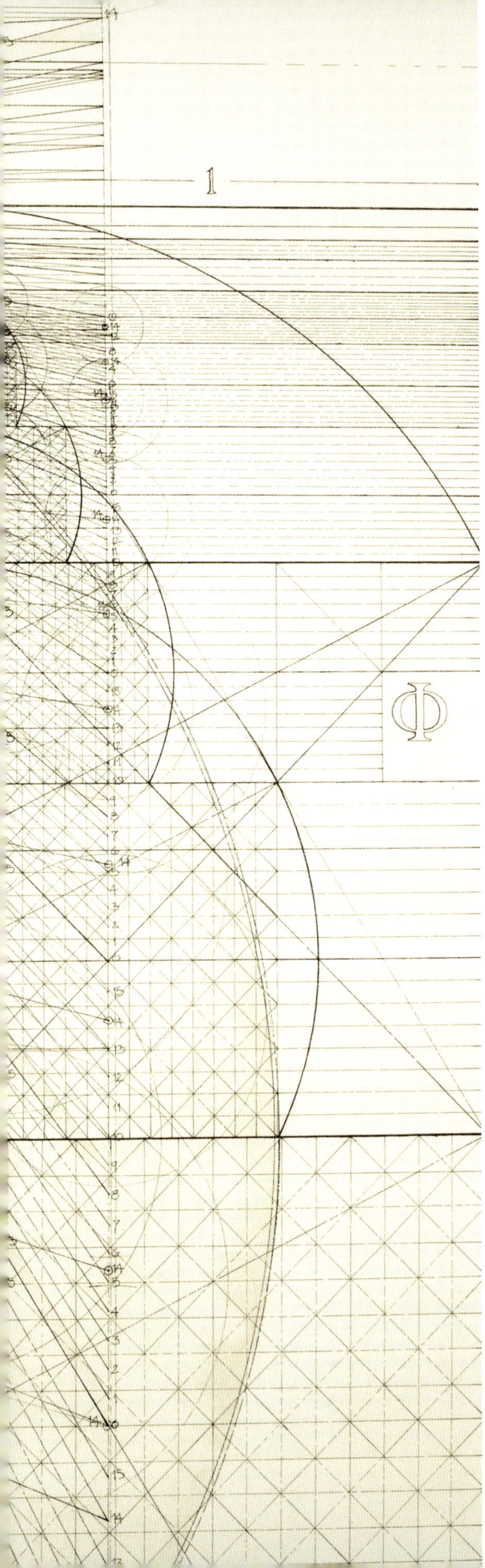

II

PHI UND FIBONACCI

„[Das Universum] ist nicht zu verstehen, wenn man nicht zuvor die Sprache erlernt und sich mit den Buchstaben vertraut gemacht hat, in denen es geschrieben ist. Es ist in der Sprache der Mathematik geschrieben.“[1]

— Galileo Galilei

Das mathematische Werk der Griechen wurde im Bagdad des 9. Jahrhunderts weitergeführt, wo Kalif Harun al-Rashid eine große Bibliothek, bekannt als Haus der Weisheit, gründete. Hier trafen sich muslimische, jüdische und christliche Gelehrte, um über Themen wie Chemie oder Kartografie zu debattieren und antike griechische und indische Texte ins Arabische zu übersetzen. Viele Fortschritte in Wissenschaft und Mathematik wurden während dieses goldenen Zeitalters des Islam erzielt, das bis ins 13. Jahrhundert andauerte. Zum Beispiel war der Gelehrte Muhammad ibn Musa al-Chwarizmi (ca. 790 bis ca. 850) einer der Ersten unter den Mathematikern, der die Zahl Null als Platzhalter verwendete, und er führte in seinem Traktat *al-Kitāb al-muhtasar fi hisab al-jabr w'al-muqābala (Das kurzgefasste Buch über die Rechenverfahren durch Ergänzen und Ausgleichen)* das Wort *algebra* (Arabisch *al-jabr* – „vervollständigen") ein. Das Wort bezog sich auf den Vorgang, eine quadratische Gleichung durch Weglassen der negativen Terme zu lösen – die Geburtsstunde der Algebra. Interessanterweise stellt er im selben Buch auch eine quadratische Gleichung vor, die eine Gerade der Länge 10 darstellt, die im Goldenen Schnitt in zwei Teile geteilt ist.

Diese russische Briefmarke aus dem Jahr 1983 zeigt al-Chwarizmi, einen einflussreichen Mathematiker und eine überragende Gestalt des Hauses der Weisheit (Illustration rechts) in Bagdad.

DIE FIBONACCI-FOLGE

Etwa 50 Jahre nach al-Chwarizmi wandte der ägyptische Mathematiker Abu Kamil Shuja ibn Aslam (ca. 850 bis ca. 930) komplexe Algebra auf geometrische Probleme an und löste so drei nichtlineare Gleichungen mit drei verschiedenen Variablen. Er stellte verschiedene Gleichungen auf, um eine Gerade der Länge 10 zu teilen und ein Fünfeck in ein Quadrat einzuschreiben. Er war der Erste, der irrationale Zahlen als Lösung für quadratische Gleichungen[2] verwendete, und sein *Kitāb fī al-jabr wa al-muqābala (Buch der Algebra)*, das das Werk al-Chwarizmis weiterführte, war in der lateinischen Übersetzung (12. Jh.) in Europa sehr einflussreich.

Al-Chwarizmis Werk – besonders die Abhandlung über die indisch-arabischen Zahlen – erregte später die Aufmerksamkeit eines Jungen aus Italien, bei einem Aufenthalt in einem algerischen Hafen mit seinem Vater, einem reichen Kaufmann aus Pisa. Der Junge, Leonardo Fibonacci (ca. 1175 bis ca. 1250), wurde später, nach der Publikation seines Buches *Liber Abaci* (1202), durch das er das indisch-arabische Zahlensystem in ganz Europa bekannt machte, zu einem der berühmtesten Mathematiker in der Geschichte.

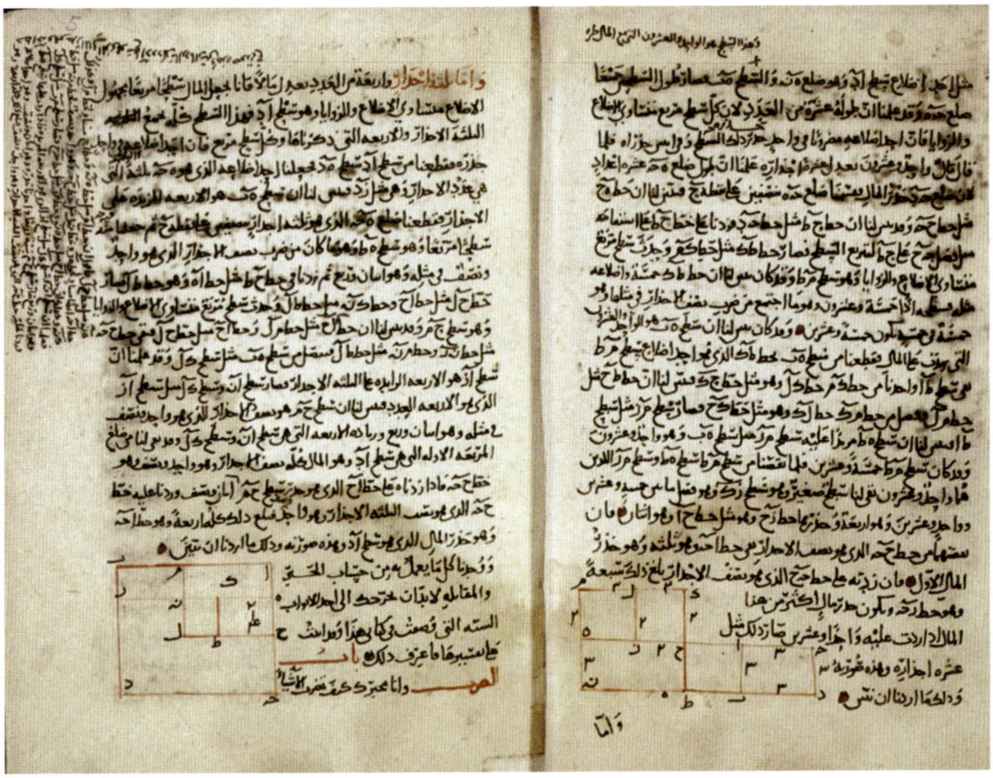

Diese Seiten aus dem Buch al-Chwarizmis über Algebra aus einer Ausgabe von 1342 zeigen die geometrischen Lösungen für zwei quadratische Gleichungen.

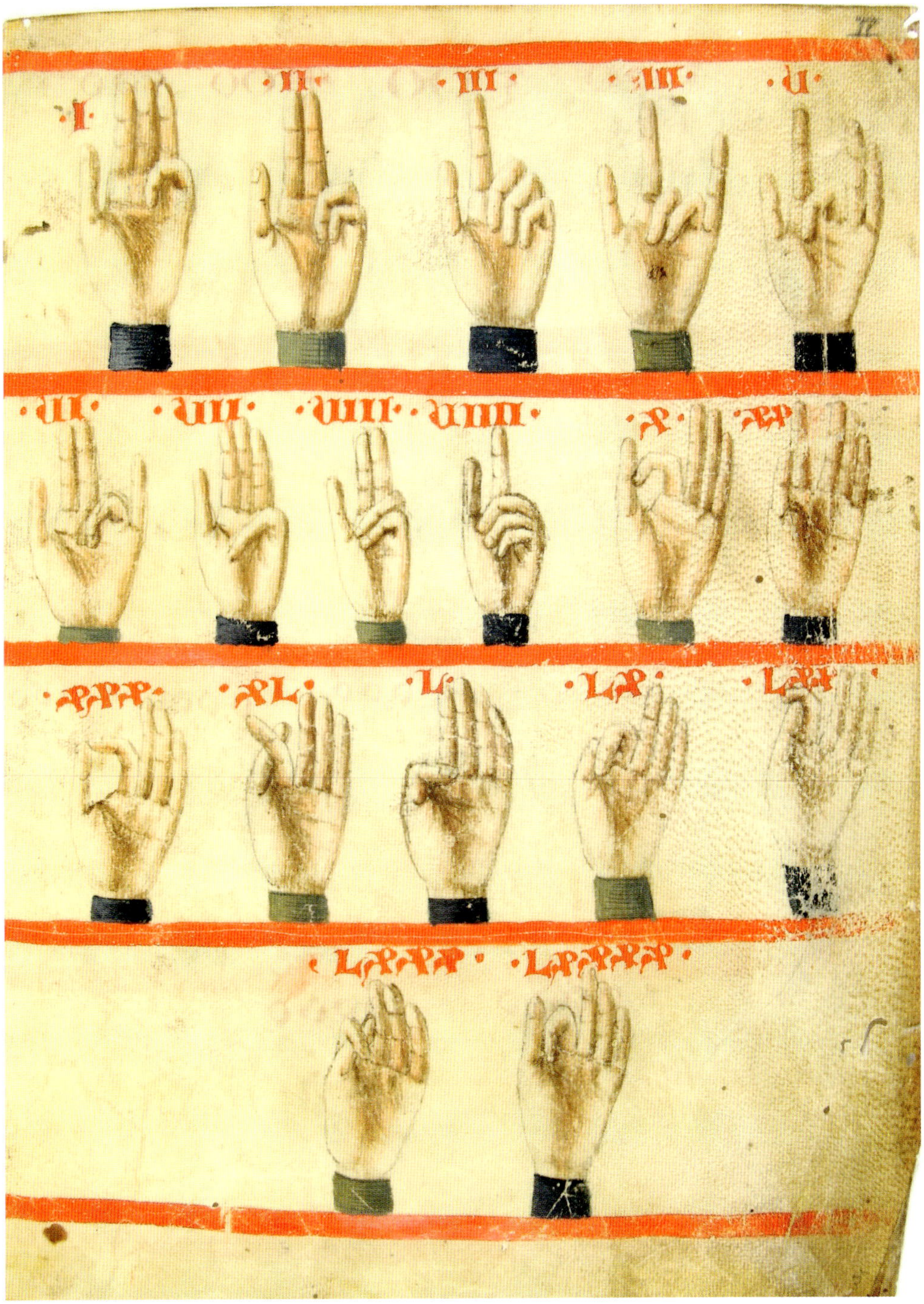

Links: *Diese Seite aus Fibonaccis revolutionärem Werk* Liber Abaci (1202), *das das indisch-arabische Zahlensystem im Westen einführte, zeigt den Zusammenhang zwischen römischen Zahlen und verschiedenen Mengen.*

Gegenüber: *Arabische Astronomen in einem Observatorium in Konstantinopel (heute Istanbul, Türkei) verwenden während des goldenen Zeitalters des Islam, das ungefähr von der Mitte des 8. bis zur Mitte des 13. Jahrhunderts dauerte, ein Astrolabium und einen Jakobsstab, um die geographische Breite zu bestimmen.*

Beim Verfassen des *Liber Abaci* stützte sich Fibonacci auf viele arabische Quellen, darunter auch die Problemstellungen des Abu Kamil. Indem er die Verbindung zwischen zwei von Kamils Gleichungen zur Teilung einer Geraden mit der Länge 10 und dem Ergebnis, das den Goldenen Schnitt ergibt, herstellte, fand Fibonacci die Länge der Abschnitte, nämlich $\sqrt{125} - 5$ und $15 - \sqrt{125}$,[3] die man auch als $5(\sqrt{5} - 1)$ und $5(3 - \sqrt{5})$ darstellen kann. Diese beiden Ausdrücke für den Goldenen Schnitt beziehen sich auf eine Gerade mit der Länge 10. Dividiert man nun beide durch 10, so erhält man die algebraischen Formeln für den reziproken Wert von Phi ($1/\Phi$; 0,61803...) und $1 - 1/\Phi$ (0,38197...). Erinnern wir uns daran, dass Phi die einzige Zahl ist, deren reziproker Wert genau um 1 kleiner ist als sie selbst (Seite 11), und leiten davon die algebraische Formel für Phi selbst ab, indem wir 1 auf beiden Seiten der Gleichung addieren:

$$1 / \Phi = (\sqrt{5} - 1) / 2 = \Phi - 1$$
$$\Phi = (\sqrt{5} + 1) / 2$$

Im *Liber Abaci* schrieb Fibonacci außerdem über eine einfache Zahlenreihe, die auf dem theoretischen Problem des Wachstums einer Kaninchenpopulation beruht. Diese Reihe – Grundlage für eine unglaubliche mathematische Beziehung hinter Phi – war indischen Mathematikern bereits im 6. Jahrhundert bekannt, aber es war Fibonacci, der sie in der westlichen Welt bekannt machte.

Fibonaccis Zahlenfolge kann man mit dem folgenden Beispiel erklären. Nehmen wir an, wir haben ein neugeborenes Kaninchenpaar, ein Männchen und ein Weibchen. Nehmen wir weiter an, dass die Kaninchen im Alter von einem Monat geschlechtsreif sind, sodass das Weibchen am Ende des zweiten Monats ein weiteres Pärchen gebären kann, dass die Kaninchen nicht sterben und dass die Weibchen, jeweils ab dem zweiten Monat, jeden Monat ein neues Paar (ein Männchen, ein Weibchen) werfen. Fibonacci stellte sich die Frage, wie viele Kaninchen man nach einem Jahr hätte. Die Antwort ist 144, die Zahl, die sich an der 12. Stelle in der Zahlenfolge unten findet, entsprechend dem 12. Monat. Beginnend mit 0 und 1, ist jede Zahl in der Folge gleich der Summe der beiden vorangehenden:

$$0 + 1 = 1$$
$$1 + 1 = 2$$
$$2 + 1 = 3$$
$$3 + 2 = 5$$
$$5 + 3 = 8$$
$$8 + 5 = 13$$

… und so weiter – daraus ergibt sich die Zahlenfolge, die nach Fibonacci benannt ist:

0, 1, 1, 2, 3, 5, 8, 13, 21, 34, 55, 89, 144, 233, 377, 610, 987, …

Man kann die *n*te Zahl in der Fibonacci-Folge schätzen, indem man Φ und $\sqrt{5}$, in folgender Gleichung verwendet:

$$f(n) = \Phi^n / \sqrt{5}$$

So kann man zum Beispiel die zwölfte Zahl in der Fibonacci-Folge folgendermaßen errechnen:

$\Phi^{12} / \sqrt{5} = 321{,}9969\ldots / 2{,}236\ldots = 144{,}0014\ldots$, was gerundet 144 ergibt!

Bei der Fibonacci-Folge nähert sich das Verhältnis jedes aufeinanderfolgenden Zahlenpaares Phi an. Um dieses Phänomen zu verstehen, beachten Sie, dass sich der jeweils folgende Wert der Verhältnisse Phi immer weiter annähert:

1/1	=	1,000000
2/1	=	2,000000
3/2	=	1,500000
5/3	=	1,666667
8/5	=	1,600000
13/8	=	1,625000
21/13	=	1,615385
34/21	=	1,619048
55/34	=	1,617647
89/55	=	1,618182
144/89	=	1,617978
233/144	=	1,618056
377/233	=	1,618026
610/377	=	1,618037
987/610	=	1,618033

Der italienische Bildhauer Giovanni Paganucci schuf 1863 diese Marmorstatue von Fibonacci.

Bei der 40. Zahl in der Reihe – 102.334.155 – nähert sich das Verhältnis Phi bis auf 15 Dezimalstellen an:

1,618033988749895

Trotz der offensichtlichen Annäherung der Fibonacci-Folge an den Wert von Phi schrieb der italienische Mathematiker nie ausdrücklich über den Goldenen Schnitt. Tatsächlich vergingen weitere 400 Jahre, bis jemand eine explizite Verbindung zwischen der Folge und dem Goldenen Schnitt herstellte.[4] Das war Johannes Kepler (siehe Seite 27), der 1609 in einem Brief zum ersten Mal erwähnte, dass sich die Verhältnisse der aufeinanderfolgenden Zahlen in der Fibonacci-Folge dem Goldenen Schnitt annähern.

1653 entwickelte der französische Mathematiker Blaise Pascal (1623–1662) das nach ihm benannte Dreieck, eine graphische Beschreibung der algebraischen Expansion des Binomialkoeffizienten (d. h. zwei positive ganze Zahlen, die eine Summe ergeben). Wie unten abgebildet, beginnend mit 1, ist jede Zahl in dem Dreieck die Summe der zwei links und rechts diagonal darüberliegenden Zahlen, und die Zahlen auf den Diagonalen im Dreieck lassen sich zur Fibonacci-Folge (links, gelb) addieren. Das Pascal'sche Dreieck hat viele einzigartige Eigenschaften:

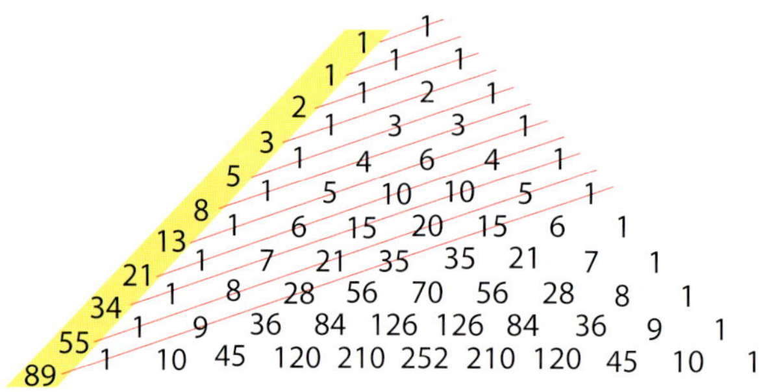

- Addiert man die Zahlen in den horizontalen Reihen ist das Ergebnis jeweils eine Potenz von 2 (d. h. 1, 2, 4, 8, 16 usw.)
- Reiht man die einstelligen Zahlen der ersten fünf Zeilen aneinander, stellen sie jeweils Potenzen von 11 dar (1, 11, 121, 1331, 14641).
- Die Summe je zweier aufeinanderfolgender Zahlen in der Diagonale 1–3–6–10–15–21–28... ergibt eine Quadratzahl (1, 4, 9, 16, etc.).
- Ist die erste Zahl einer Zeile rechts von 1 eine Primzahl, dann sind alle Zahlen in dieser Zeile durch diese Primzahl teilbar.

FIBONACCI ANERKENNUNG ZUTEIL WERDEN LASSEN

Während Kepler als Erster die Verbindung zwischen der Fibonacci-Folge und Phi erkannte,[5] *bewies* der schottische Mathematiker Robert Simson (1687–1768) 1753 als Erster, dass sich die Verhältnisse der aufeinanderfolgenden Fibonacci-Zahlen tatsächlich dem Goldenen Schnitt annähern.[6] Erst 1877 wurde die Reihe, die Fibonacci in seinem *Liber Abaci* beschrieb, endlich nach ihm benannt – durch den französischen Mathematiker Édouard Lucas (1842–1891), der die damit in Verbindung stehende Lucas-Folge entwickelte, die definiert wird durch die Gleichung $L_n = L_n\text{-}1 + L_{n-2}$, wobei $L_1 = 1$ und $L_2 = 3$ ist.

Man kann das Pascal'sche Dreieck auch für Wahrscheinlichkeitsrechnungen verwenden. Nimmt man zum Beispiel egal welche 2 von 5 Objekten, ist die Zahl der möglichen Kombinationen 10. Man findet das Ergebnis, indem man auf die zweite Stelle in der fünften Zeile blickt (NB: Bei dieser Anwendung werden die 1er nicht mitgezählt).

Diese kolorierte Gravur aus dem Jahr 1822 zeigt den französischen Mathematiker Blaise Pascal, nach dem das Pascal'sche Dreieck benannt ist.

DIE FIBONACCI-SPIRALE UND ANDERE KURIOSITÄTEN

Sollten Sie sich im Internet über die Fibonacci-Folge schlaugemacht haben, sind Sie wahrscheinlich auch über Bilder der Fibonacci-Spirale oder der Goldenen Spirale gestolpert. Vermutlich sahen Sie sie da auch als Überlagerungen über alle möglichen Dinge, vom Parthenon über die *Mona Lisa* bis zu Donald Trumps Haartracht. Die Spirale wird üblicherweise ausgehend von einem Goldenen Rechteck gezeichnet. Teilt man das Goldene Rechteck im Goldenen Schnitt, erhält man ein Quadrat und ein kleineres Goldenes Rechteck. Teilt man dieses in derselben Weise und wiederholt man das immer wieder, ergibt sich das untenstehende Bild.

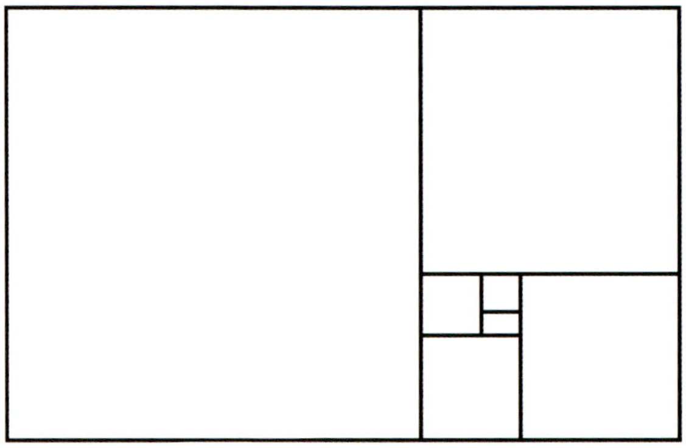

Für die Goldenen Spirale zeichnet man nun in jedes Quadrat einen Viertelkreis:

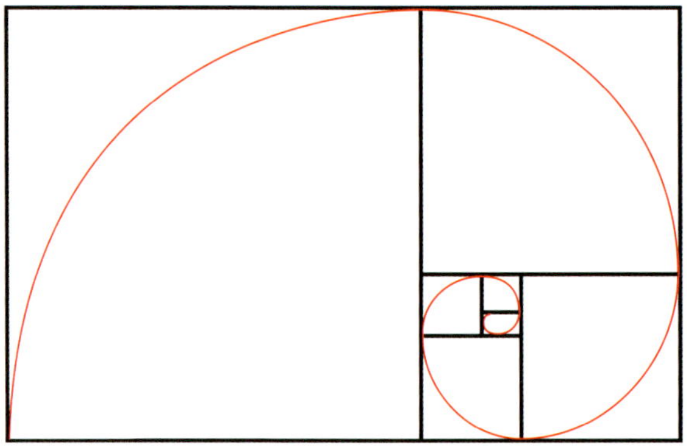

Die Fibonacci-Spirale ist eng mit der Goldenen Spirale verwandt. Hier werden allerdings, statt ein Muster von aufeinanderfolgenden Rechtecken zu schaffen, Quadrate verwendet, deren Seitenlängen gleich den Zahlen der Fibonacci-Folge sind (siehe Abbildung).

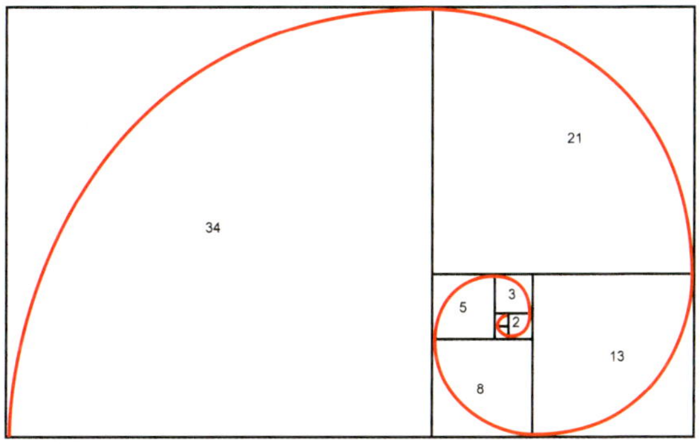

Technisch gesehen, sind beides keine Spiralen, sondern *Schnecken*. Der Unterschied zwischen den beiden Spiralen ist kaum zu erkennen, aber eine echte Goldene Spirale ist eine einzigartige gleichwinklige (d. h. logarithmische) Spirale, die sich um einen konstanten Wert erweitert. In der untenstehenden Illustration baut die grüne Spirale auf einer Folge von unabhängigen Viertelkreisen innerhalb jedes Quadrates auf. Die rote Spirale ist rein logarithmisch und erweitert sich alle 90 Grad um den Goldenen Schnitt. Die überlappenden Teile erscheinen in gelb. Nun gehören Sie zu den wenigen, die den Unterschied zwischen diesen beiden Spiralen kennen.

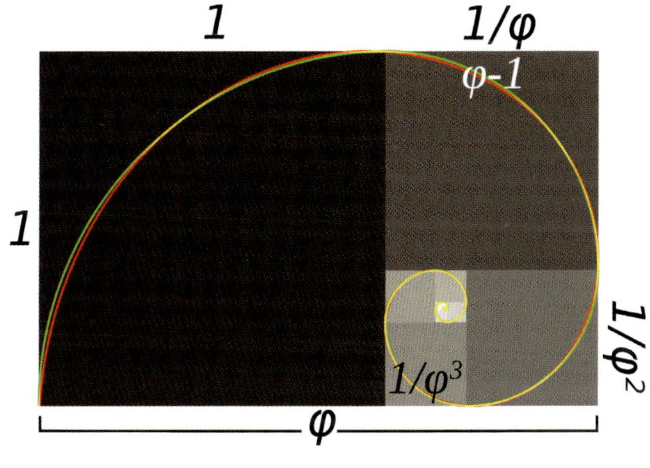

WIE ENTSTEHT EIN FIBONACCI-DREIECK?

Es ist unmöglich, mit drei aufeinanderfolgenden Zahlen der Fibonacci-Folge ein rechtwinkliges Dreieck zu erzeugen; mit jeweils vier aufeinanderfolgenden Zahlen ist es jedoch *möglich*. Nimmt man für die Länge einer Seite (*a*) und der Hypotenuse (*c*) die zweite und die dritte Zahl, so ergibt sich die Länge der verbleibende Seite durch die Quadratwurzel des Produktes aus der ersten (*b'*) und der vierten (*b''*) Zahl. Die untenstehenden Tabellen zeigen, wie das funktioniert:

Die Fibonacci-Folge			
b'	a	c	b''
0	1	1	2
1	1	2	3
1	2	3	5
2	3	5	8
3	5	8	13

Das Fibonacci-Dreieck		
a^2	$b' \times b''$	$a^2 + b' \times b'' = c^2$
1	0	1
1	3	4
1	2	9
2	3	25
3	5	64

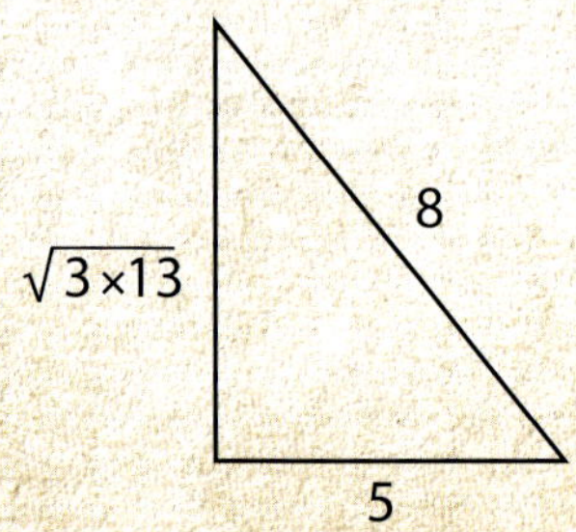

Die Maße des Dreiecks spiegeln sich in der fünften Zeile der linken Tabelle.

Es gibt viele ungewöhnliche Beziehungen in der Fibonacci-Folge. Zum Beispiel gilt für jede Folge von drei Zahlen in der Folge $f(n-1)$, $f(n)$ und $f(n+1)$:

$$f(n-1) \times f(n+1) = f(n)^2 - (-1)^n$$

$$3 \times 8 = 5^2 - 1$$

$$5 \times 13 = 8^2 + 1$$

$$8 \times 21 = 13^2 - 1$$

Ein anderes Beispiel: Jede *n*te Fibonacci-Zahl ist ein Vielfaches von f(*n*), wobei f(*n*) die *n*te Zahl der Fibonacci-Folge ist. Wenn 0, 1, 2, 3, 5, 8, 13, 21, 34, 55, 89, 144, 233, 377, 610, 987, 1597, 2584, 4181, 6765 gegeben sind, ergeben sich folgende Resultate:

- Jede **4.** Zahl (z. B. 3, 21, 144 und 987) ist ein Vielfaches von **3**, nämlich **f(4)**.
- Jede **5.** Zahl (z. B. 5, 55, 610 und 6765) ist ein Vielfaches von **5**, nämlich **f(5)**.
- Jede **6.** Zahl (z. B. 8, 144 und 2584) ist ein Vielfaches von **8**, nämlich **f(6)**.[7]

Die Fibonacci-Folge hat ein Muster, das sich nach jeweils 24 Ziffern wiederholt.[8] Es entsteht durch die einfache Technik der *einstelligen Quersumme*, wobei alle Stellen einer Zahl addiert werden, bis nur noch eine Stelle übrig bleibt. Ein Beispiel: Die einstellige Quersumme von 256 ist 4, denn $2 + 5 + 6 = 13$ und $1 + 3 = 4$. Wendet man diese Technik auf die Fibonacci-Folge an, ergibt sich die unendliche Folge von 24 sich wiederholenden Ziffern:

1, 1, 2, 3, 5, 8, 4, 3, 7, 1, 8, 9, 8, 8, 7, 6, 4, 1, 5, 6, 2, 8, 1, 9

Nimmt man die ersten 12 Ziffern, addiert sie zu den zweiten 12 Ziffern und bildet dann aus dem Ergebnis die einstellige Quersumme, ergibt sich der Wert 9.

Diese bunte Ansammlung von Rechtecken stellt die ersten 160 natürlichen Zahlen als Summe von Fibonacci-Zahlen dar.

Auf dieser Gravur sieht man Joseph-Louis Lagrange, einen weiteren wichtigen französischen Mathematiker, der die Fibonacci-Folge untersuchte.

Der französische Mathematiker Joseph-Louis Lagrange entdeckte 1774, dass die letzten Stellen der Zahlen in der Fibonacci-Folge ein Muster bilden, das sich alle 60 Zahlen wiederholt:

0, 1, 1, 2, 3, 5, 8, 3, 1, 4, 5, 9, 4, 3, 7, 0, 7, 7, 4, 1, 5, 6, 1, 7, 8, 5, 3, 8, 1, 9,
0, 9, 9, 8, 7, 5, 2, 7, 9, 6, 5, 1, 6, 7, 3, 0, 3, 3, 6, 9, 5, 4, 9, 3, 2, 5, 7, 2, 9, 1

Ordnet man diese 60 Zahlen, wie unten abgebildet, in einem Kreis an, so ergeben sich weitere Muster:[9]

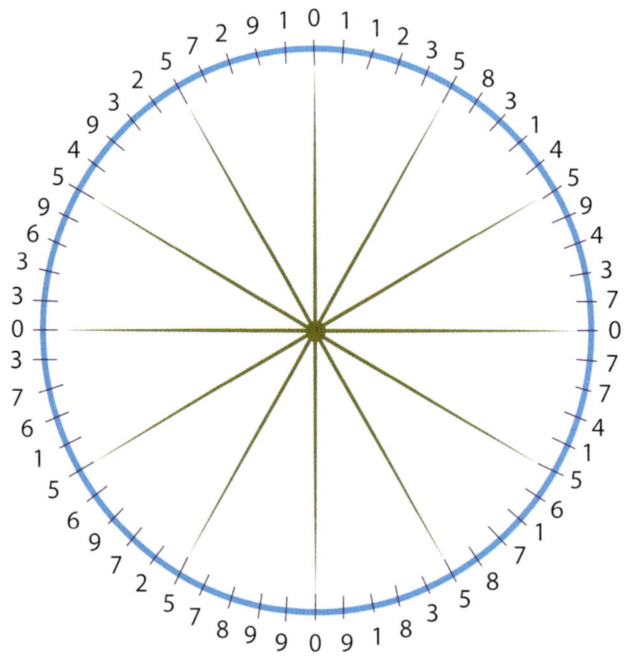

- Die Null steht jeweils an der Stelle der 4 Kardinalpunkte eines Kompasses.
- Die Fünf steht an den 8 weiteren von 12 Punkten einer Uhr.
- Mit Ausnahme von null ergibt die Summe zweier gegenüberliegender Zahlen 10.

BERECHNUNG VON PHI

1567 präsentierte Keplers Mentor Michael Mästlin (1550–1631), ein deutscher Astronom und Mathematiker, seinem früheren Schüler in einem Brief die erste bekannte Annäherung an den reziproken Wert des Goldenen Schnittes, wobei er den Goldenen Schnitt als Dezimalbruch von „etwa 0,6180340" beschrieb.[10]

Indem wir Fibonaccis Wert für $1/\Phi$ damit in Zusammenhang setzten, dass $1/\Phi = 1 - \Phi$ ist, konnten wir auf Seite 42 eine Gleichung für den Wert von Φ aufstellen. Es gibt aber noch einen anderen Weg, denselben Wert logisch abzuleiten. Erinnern Sie sich daran, wie wir auf Seite 10 feststellten, dass bei einer Teilung im Goldenen Schnitt, wie unten abgebildet, das Verhältnis des größeren zum kleineren Abschnitt durch die Gleichung $A / B = B / C$ dargestellt werden kann.

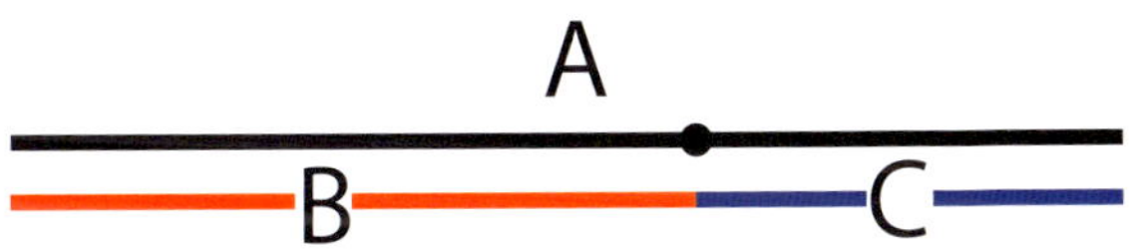

Wir wissen auch, dass die beiden Abschnitte B und C der Geraden gemeinsam A ergeben, was rechnerisch als $A = B + C$ dargestellt wird.

Kombinieren wir die beiden Gleichungen, stellen wir fest, dass $(B + C) / B = B / C$ ist. Mit allen Variablen auf einer Seite der Gleichung und einem Wert von $C = 1$ kommen wir zu dieser vertrauten Gleichung:

$$B^2 - B - 1 = 0$$

Da diese Gleichung nun in der Form $ax^2 + bx + c = 0$ ist, können wir die Quadratformel anwenden, die uns erlaubt, x auszurechnen, wenn wir die Werte a, b und c (1, -1, -1) einsetzen:

$$x = \frac{-b \pm \sqrt{b^2 - 4ac}}{2a}$$

Unsere zwei möglichen Lösungen sind $(1 + \sqrt{5}) / 2$ und $(1 - \sqrt{5}) / 2$. Die positive Lösung ergibt exakt den Wert von Φ.

Wie wir wissen (siehe Seite 43), nähert sich das Verhältnis der aufeinanderfolgenden Fibonacci-Zahlen Phi an, aber diese Beziehung existiert nicht nur da. Man kann *jede* Zahlenfolge nehmen und die aufeinanderfolgenden Verhältnisse erstellen – das Ergebnis nähert sich *immer* Phi an – zum Beispiel wenn man 1,618 in 16 und 18 unterteilt, dann die zwei Zahlen addiert und das Verhältnis von 16 und 18 erstellt. Verfährt man mit den nächsten zwei Zahlen in der Folge ebenso, taucht ein vertrautes Muster auf:

16 + 18 = 34, und ihr Verhältnis ist 1,125

18 + 34 = 52, und ihr Verhältnis ist 1,888889...

34 + 52 = 86, und ihr Verhältnis ist 1,529412...

52 + 86 = 138, und ihr Verhältnis ist 1,653846...

86 + 138 = 224, und ihr Verhältnis ist 1,604651...

138 + 224 = 362, und ihr Verhältnis ist 1,623188...

224 + 362 = 586, und ihr Verhältnis ist 1,616071...

362 + 586 = 948, und ihr Verhältnis ist 1,618785...

Kehren wir nun zu der anderen besonderen Eigenschaft von Phi von Seite 11 zurück:

$$\Phi^2 = \Phi + 1$$

Das kann man auch als $\Phi^2 = \Phi^1 + \Phi^0$ schreiben, was zur nächsten Enthüllung führt: Für jede Zahl *n* gilt: Jede aufeinanderfolgende Potenz von Phi addiert mit der nächsten lässt sich mathematisch so ausdrücken:

$$\Phi^{n+2} = \Phi^{n+1} + \Phi^n$$

Eine weitere Kuriosität ergibt sich, wenn man Phi zur Potenz erhebt und dann ihren reziproken Wert addiert oder subtrahiert:

- Für jede gerade ganze Zahl n gilt, dass $\Phi^n + 1/\Phi^n$ eine ganze Zahl ist (z. B. $\Phi^2 + 1/\Phi^2 = 3$).
- Für jede ungerade ganze Zahl n gilt, dass $\Phi^n - 1/\Phi^n$ ebenfalls eine ganze Zahl ist (z. B. $\Phi^3 + 1/\Phi^3 = 4$).

Phi kann auch als Grenzwert einer Vielzahl von iterativen Ausdrücken von Grenzwerten errechnet werden, darunter die folgenden:

$$\Phi = \sqrt{1 + \sqrt{1 + \sqrt{1 + \sqrt{1 + \cdots}}}}$$

$$\Phi = 1 + \cfrac{1}{1 + \cfrac{1}{1 + \cfrac{1}{1 + \cfrac{1}{\cdots}}}}$$

Schlussendlich, wie wir im Zusammenhang mit dem Fünfeck und dem Pentagramm bereits feststellten, hat Phi eine besondere Beziehung zur Zahl 5. Schreibt man den Ausdruck $(1 + \sqrt{5}) / 2$ für Φ in Dezimalzahlen, dann erhält man diese Gleichung, die man für Excel oder das Programmieren braucht (^ ist das Symbol für den Exponenten oder „hoch"):[11]

$$\Phi = 5\text{^}0{,}5\ 0{,}5 + 0{,}5$$

Und hier ist noch eine andere Gleichung für Phi:

$$\Phi = \sqrt{\frac{5+\sqrt{5}}{5-\sqrt{5}}}$$

Vielleicht wusste Kepler ja etwas, als er schrieb, der Goldene Schnitt sei ein „wertvolles Juwel". Schließlich war er derjenige, dessen Neugierde, Beharrlichkeit und Wissen zur Entdeckung der elliptischen Umlaufbahnen der Planeten um die Sonne führten und der so das Verständnis des Universums revolutionierte. Im nächsten Kapitel beschäftigen wir uns damit, wie diese Konzepte der Geometrie und der Mathematik in der Kunst angewendet werden.

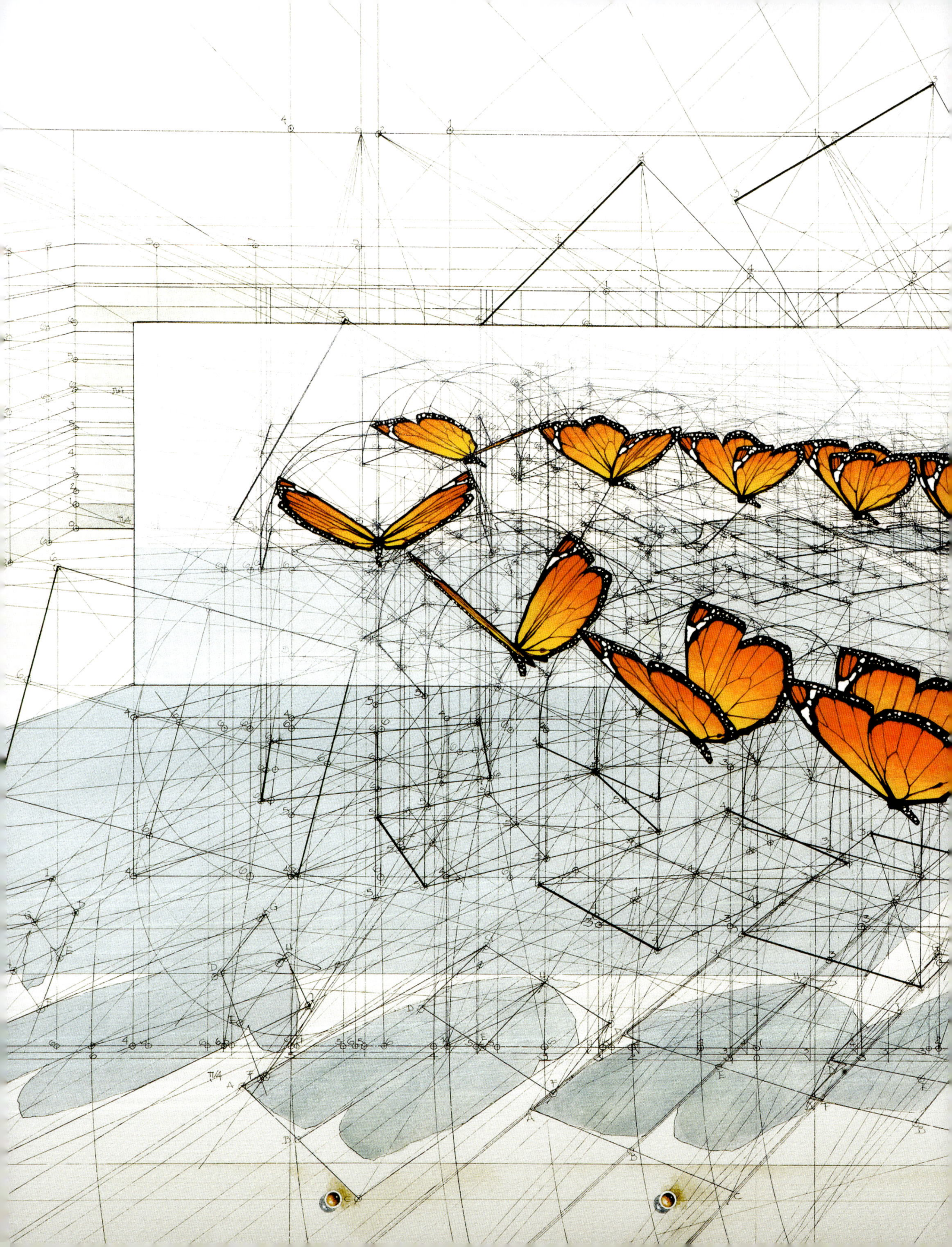

III

DIE GÖTTLICHE PROPORTION

„Ohne Mathematik gibt es keine Kunst.“[1]

— Luca Pacioli

„Wo der Geist nicht mit der Hand arbeitet, gibt es keine Kunst.“

— Leonardo da Vinci

Nun werden wir eine Vielzahl von Anwendungen des Goldenen Schnittes in der Kunst der Renaissance und darüber hinaus näher betrachten. Wir treten somit aus der Welt der absoluten Präzision und der überprüfbaren Beweise der Mathematik und der Geometrie in die Welt der Schönheit und Ästhetik. Da wir uns in einen Bereich vorwagen, in dem uns unsere Herzen sagen, was die Logik nicht zu erklären vermochte, betreten wir auch eine Welt der Kontroversen, voller gegensätzlicher und polarisierender Behauptungen, die zu Falschinformationen und Verwirrung hinsichtlich des Goldenen Schnittes führen. Nun nehmen Sie die Rolle des Detektivs, Richters und Geschworenen ein: Berücksichtigten die Meister der Renaissance wahrhaftig und absichtlich den Goldenen Schnitt? Ich liefere Ihnen die bestmöglichen Erklärungen – es liegt an Ihnen, sie zu überprüfen und Ihre eigenen Schlüsse zu ziehen.

Der französische Maler Horace Vernet stellte 1827 Papst Julius II. dar, der dem Architekten Donato Bramante und den Renaissance-Meistern Michelangelo und Raffael den Auftrag gibt, die größte Kirche der Welt zu bauen – den Petersdom.

GÖTTLICHE PROPORTIONEN? WICHTIGE WERKZEUGE UND REGELN

Bevor wir die Präsenz oder Abwesenheit des Goldenen Schnittes in einigen der berühmtesten Werke der Menschheitsgeschichte untersuchen, möchte ich Ihnen einige wichtige Werkzeuge und Regeln dafür vorstellen. Die Analyse jedes Bildes oder Objektes auf den Goldenen Schnitt hin kann man mit einfachen, aber spezialisierten Werkzeugen durchführen. Objekte wie Statuen, Bauten oder sogar menschliche Gesichter kann man mit einem einfachen Werkzeug – einer Schieblehre – vermessen. Bei einer bestimmten Art von Schieblehre werden die beiden Schenkel an der Stelle ihres Goldenen Schnittes befestigt, sodass sich die gegenüberliegenden Enden im Goldenen Verhältnis befinden. Ein weiterer Typus besitzt einen Mittelschenkel, der im Goldenen Verhältnis zwischen den beiden anderen steht.

Bei digitalen Bildern kann man mit der von mir entwickelten PhiMatrix-Software den Goldenen Schnitt ganz einfach untersuchen. Mit dieser Software lässt sich der Goldene Schnitt in jeder Dimension, horizontal und vertikal, in Pixel-Genauigkeit feststellen. Sie kann sogar den Goldenen Schnitt des Goldenen Schnittes aufzeigen, bei dem jede Linie zu jeder jeweils am nächsten liegenden im Goldenen Verhältnis steht, wie im letzten Raster unten.

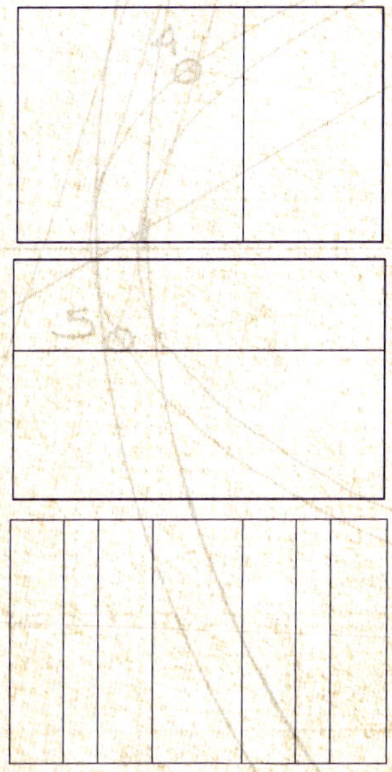

Mit diesen Werkzeugen werden Sie vielleicht schon bald überall in Ihrer Umgebung Goldene Verhältnisse bemerken. Manchmal sind sie von ihrem Schöpfer durchaus beabsichtigt, manchmal war es vielleicht einfach nur Zufall. Mit diesem Gedanken im Hinterkopf schlage ich folgende Regeln vor, um Darstellungen des Goldenen Schnittes tatsächlich als Grundlage für eine Komposition zu identifizieren:

- **Relevanz:** Sie sollten bei den wichtigsten oder relevantesten Merkmalen des Objektes oder Werkes vorkommen.
- **Allgegenwart:** Sie sollten an mehr als einer Stelle vorkommen, um Wissen und Absicht statt Zufall voraussetzen zu können.
- **Genauigkeit:** Sie sollten innerhalb einer Spanne von ±1 Prozent des Goldenen Schnittes liegen, entsprechende Analysen sollten daher mit größtmöglicher Genauigkeit und unter Verwendung hochauflösender Bilder durchgeführt werden.
- **Einfachheit:** Sie sollten auf den einfachstmöglichen Ansätzen basieren, die vermutlich von den Künstlern oder Designern angewandt wurden.

Bis hierher haben wir festgestellt, dass der Mathematik Schönheit innewohnt, doch wie der italienische Mönch Luca Pacioli scharfsinnig bemerkte, wohnt der Schönheit auch Mathematik inne. Euklids *Elemente* wurden durch eine lateinische Übersetzung im Jahr 1120 in Europa wiederentdeckt, und das Buch wurde zu einem der am weitesten verbreiteten nach der Erfindung des Buchdrucks in den 1450er-Jahren. Obwohl bis in die späten 1490er-Jahre kein niedergeschriebener Hinweis auf den Goldenen Schnitt aufscheint, gibt es eindeutige Beweise dafür, dass einige der berühmtesten Künstler dieser Zeit ihn schon in den 1440er-Jahren in der Komposition ihrer Gemälde anwandten. Die Anwendung des Goldenen Schnittes wurde später als „geheime Kunst" betrachtet, und wie wir sehen werden, scheint es, als ob viele berühmte Meister der Renaissance wie Piero della Francesca, Leonardo da Vinci, Botticelli, Raffael und Michelangelo diese Geheimnisse kannten. Es war jedoch Pacioli, der als Erster eine umfassende Studie über diese besondere Zahl, die der „göttlichen Proportion" entspricht, verfasste.

Dieses Gemälde aus dem Jahr 1495 zeigt Pacioli in seinem Franziskaner-Habit bei der Erstellung einer mathematischen Zeichnung. Seine linke Hand ruht auf einem offenen Buch, an der rechten Ecke des Tisches befindet sich ein Dodekaeder. Der junge Mann hinter ihm ist vermutlich ein Student, möglicherweise der deutsche Künstler und Universalgelehrte Albrecht Dürer, der in seinen frühen Zwanzigern eine Reise nach Italien unternahm – genau zu der Zeit, als dieses Gemälde entstand.

DE DIVINA PROPORTIONE

Luca Pacioli lebte von 1447 bis 1517, und er war ein Mann mit vielen Interessen und Talenten. Er war Franziskaner-Mönch, Mathematiker und Freund Leonardo da Vincis, mit dem er auch zusammenarbeitete. Bekannt als Vater von „Rechnungswesen und Buchhaltung“, war er der Erste, der in Europa ein Werk über das System der doppelten Buchhaltung veröffentlichte. Kurz nach dem Erscheinen des 600 Seiten umfassenden *Summa de arithmetica (Überblick über die Arithmetik)* 1494 lud ihn Herzog Ludovico Sforza ein, sich in Mailand niederzulassen. Das führte zum schicksalhaften Zusammentreffen mit da Vinci, der sein Schüler wurde, als Pacioli an seinem Werk *De Divina Proportione* arbeitete. Verfasst zwischen 1496 und 1498 und publiziert 1509, verband das Buch Mathematik mit Kunst und Architektur – durch die Untersuchung der Verwendung von Phi im Laufe der Geschichte. Der Illustrator war niemand Geringerer als da Vinci selbst, der in den späten 1490er-Jahren bei Pacioli wohnte.

Hier sehen wir die Titelseiten von Paciolis Summa de Arithmetica *und* De Divina Proportione *sowie Ludovico Sforza, der in der letzten und produktivsten Phase der Mailänder Renaissance regierte. Berühmt als Mäzen von Leonardo da Vinci und anderen Künstlern, gab er* Das Letzte Abendmahl *um 1495 in Auftrag und brachte außerdem Pacioli und da Vinci zusammen.*

In seinem dreibändigen Monumentalwerk erfasste Pacioli die Breite und Tiefe des Themas bereits zu Beginn der Einleitung:

> *„Ein notwendiges Werk für alle klar sehenden und forschenden menschlichen Denker, in dem jeder, der gern Philosophie, Perspektive, Malerei, Skulptur, Architektur, Musik und andere mathematischen Disziplinen studiert, eine sehr feinfühlige, subtile und bewundernswerte Lehre finden und sich an diversen Fragen einer geheimen Wissenschaft erfreuen wird."*[2]

Indem er mathematische Verhältnisse – insbesondere den Goldenen Schnitt – und deren Anwendung in Kunst und Architektur offenlegte, hoffte Pacioli, das allgemeine Publikum über das Geheimnis von harmonischen Formen zu unterrichten. Wie wir bereits wissen, verfügen einige geometrische Körper wie Dodekaeder und Ikosaeder innerhalb ihrer Dimensionen und der räumlichen Lage ihrer Schnittlinien über inhärente Goldene Verhältnisse. Er enthüllte jedoch auch andere Beispiele Goldener Proportionen bei griechisch-römischen Bauten und in Gemälden der Renaissance. Man findet den Goldenen Schnitt sogar im Buchstaben *G* Paciolis wunderschöner architektonischer Schrift!

Der italienisch Maler Raffael (Raffaello Sanzio Morghen) schuf 1817 diesen Stich von Leonardo da Vinci.

Bis zu Paciolis Zeiten war Phi als „äußeres und mittleres Verhältnis" beziehungsweise als „stetige Teilung" bekannt, wie es Euklid beschrieben hatte. Obwohl Phi seit langem wegen seiner Besonderheit und Schönheit anerkannt war, bezeichnete Pacioli die Zahl 1,618 als Erster als „göttlich". Die theologischen Implikationen sowie da Vincis präzise Wiedergaben von dreidimensionalen gitterartigen Körpern machten Untersuchungen über Phi und die Geometrie bei Künstlern, Philosophen und vielen anderen beliebt.

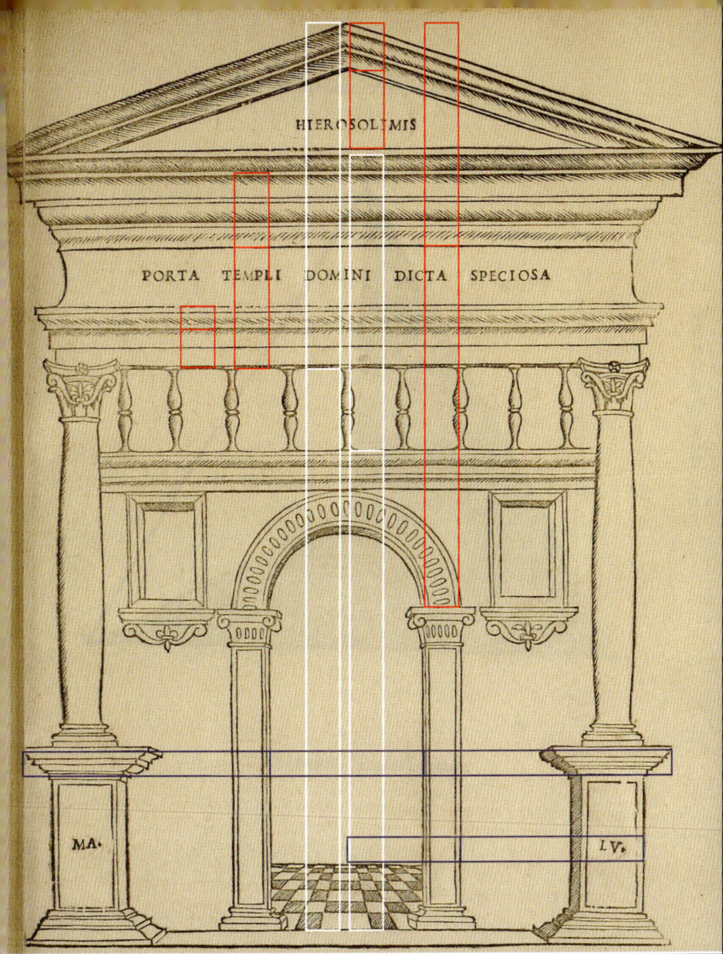

Dieser Holzschnitt des Tores des Tempels Salomons in Jerusalem aus der Ausgabe von 1509 der De Divina Proportione *weist Goldene Proportionen auf.*

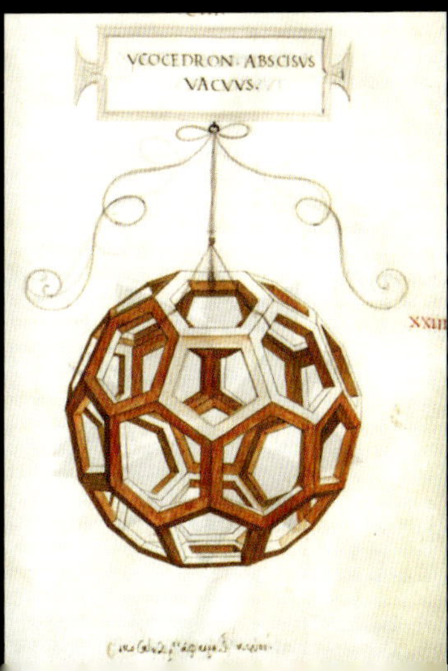

Links: *Da Vinci zeichnete alle Polyeder in Paciolis Buch, darunter auch das Dodekaeder (links) und den archimedischen Dodekaederstumpf (rechts).*

Oben: *Paciolis* G *zeigt ganz klar die Proportionen des Goldenen Schnittes auf.*

PIERO DELLA FRANCESCA

Der dritte Band von Paciolis *De Divina Proportione* war eigentlich eine Übersetzung von Piero della Francescas *Libellus de quinque corporibus regularibus* (*Büchlein über fünf regelmäßige Körper*). Piero della Francesca (1415–1492), zu seiner Zeit eher als Mathematiker und Geometer bekannt, wird heute hauptsächlich wegen seiner Kunstwerke bewundert.

Piero schrieb erst später *De Prospectiva Pingendi (Über die Perspektive in der Malerei)*, aber Verständnis und Wertschätzung von Perspektive und Proportion finden sich bereits in seinem Frühwerk. Im ersten seiner erhalten gebliebenen Gemälde, *Taufe Christi* (ca. 1448–1450), positionierte Piero Christus bereits in perfekter Weise zwischen zwei Goldenen Verhältnissen, jenem der Seiten der Leinwand und jenem der beiden Bäumen.

Die Geißelung Christi (siehe Seite 65) wurde vermutlich zwischen 1455 und 1460 gemalt und wird vor allem aufgrund der komplexen Komposition auf dem 59 x 81 cm messenden Tafelbild bewundert. Der britische Kunsthistoriker Kenneth Clark nannte es daher „das größte kleine Bild der Welt".[3] Mithilfe meiner PhiMatrix-Software erkennt man, dass Piero im linken Raum den Goldenen Schnitt sorgfältig anwandte. Wir finden Christus im Goldenen Schnitt der Breite des Raumes, gemessen sowohl vom Boden, wo sich der Fußboden ändert, als auch von den Säulen am Eingang. Der architektonische Aufbau der Gebäude zeigt ebenfalls eine Angleichung an die Rasterlinien im Goldenen Schnitt (grün).

Ein weiteres Gemälde mit Goldenen Proportionen ist das *Polyptychon der Barmherzigkeit* (siehe Seite 64), das zwischen 1445 und 1462 entstand. Hier sehen wir die gekrönte Maria mit ausgestreckten Armen. Im Goldenen Schnitt bezogen auf ihre Größe hat sie einen Gürtel umgebunden. Die Breite des Gürtels wiederum steht im Goldenen Verhältnis zur Breite ihrer ausgestreckten Arme.

Untersuchen wir das Gemälde genauer, so sehen wir, dass Piero den Goldenen Schnitt noch zwei weitere Male anwandte – einmal horizontal, bei dem aus dem Zentrum gerückten Knoten des Gürtels, und einmal vertikal, bei den vom Knoten herunterhängenden Teilen.

Somit finden wir 60 Jahre vor der Veröffentlichung des Werkes *De Divina Proportione* bereits Hinweise darauf, dass die Maler der Renaissance den Goldenen Schnitt als Mittel verwendeten, um innerhalb ihrer Gemälde visuelle Harmonie zu erzeugen. Weiters wurde der Goldene Schnitt von der Schöpfern religiöser Werke als Element des Ewigen oder Göttlichen in ihre Arbeiten aufgenommen.

Taufe Christi, ca. 1449.

Madonna della Misericordia (Heilige Jungfrau der Barmherzigkeit), 1445–1562.

Die Geißelung Christi, ca. 1457.

In diesem Gemälde der Grablegung Christi, das sich direkt unter der Madonna in Piero della Francescas Polyptychon der Barmherzigkeit *befindet, treten zahlreiche Goldene Verhältnisse zutage.*

LEONARDO DA VINCI

Ein halbes Jahrtausend nach Leonardo da Vincis Tod 1519, bewundern wir immer noch seine brillanten Erkenntnisse als Erfinder und Wissenschaftler. Aber sein Genius als Universalgelehrter war bereits zu seinen Lebzeiten eine Legende – seine Zeitgenossen beschrieben ihn als „göttlichen" Maler. Als Illustrator von Paciolis *De Divina Proportione* brachte man Leonardo schon seit langem mit dem Goldenen Schnitt in Verbindung – und man tut es noch heute: etwa als zentrale Figur in Dan Browns Bestseller *Der Da Vinci Code* (2003). Da Vincis Verbindung mit dem Goldenen Schnitt geht jedoch viel tiefer, als viele von uns wahrhaben wollen.

Verkündigung *von Leonardo da Vinci, ca. 1472–1475.*

Als er sich als junger Mann noch in der Lehre bei dem Florentiner Maler und Bildhauer Verrocchio („wahres Auge“) befand, malte da Vinci die *Verkündigung* – eine Szene, in der der Erzengel Gabriel der Jungfrau Maria verkündet, dass sie die Mutter Christi werden solle –, die einige interessante Proportionen aufweist. Man hält es für das früheste erhaltene Werk da Vincis, gemalt um 1472–1475.

Wie unten zu sehen ist, ist der Goldene Schnitt die Grundlage für die Abmessungen der Wände und des Eingangs in den Hof sowie für andere Schlüsselelemente. Die Ornamente am Fuß des Tisches stehen im Goldenen Verhältnis zur Breite des Tisches, und Marias Ausschnitt liegt im Goldenen Schnitt des Abstandes von ihrer Schärpe zu ihrem Scheitel. Ein weiterer Raster zeigt, dass das Gemälde in drei vertikale Abschnitte geteilt werden kann, wobei die beiden äußeren Abschnitte im Verhältnis von Phi zum mittleren stehen.

DIE *MONA LISA*

Da Vincis berühmtestes Gemälde ist wohl *La Gioconda* – die *Mona Lisa*. Auch das Vorkommen des Goldenen Schnittes in diesem Bild ist häufig Objekt von Interpretationen und Diskussionen. Im Unterschied zu *Das Letzte Abendmahl* und *Verkündigung* weist dieses Gemälde nur wenige gerade Linien und architektonische Elemente auf, die man als Referenzpunkte verwenden kann. Suchen Sie im Internet nach „Mona Lisa Goldener Schnitt" und Sie werden sehr kreative Interpretationen des Goldenen Schnittes bei der *Mona Lisa* finden, mit Überlagerungen mit Goldenen Spiralen in unterschiedlichen Lagen, Ausrichtungen und Größen. Das mag arbiträr und inkonsistent erscheinen – und tatsächlich sind nicht alle korrekt oder aussagekräftig.

Es ist unwahrscheinlich, dass Leonardo jemals bewusst die Goldene Spirale anwandte, die man heute so eng mit dem Goldenen Schnitt verbindet, da derartige logarithmische Spiralen erst mehr als 100 Jahre später vom Mathematiker René Descartes (1596–1650) beschrieben wurden. Obwohl es schwierig ist, da Vincis ursprüngliche Absicht in seiner Komposition zu ergründen, ist der einfachste und objektivste Ansatz, die Linien des Goldenen Schnittes darüberzulegen, basierend auf der Höhe und Breite der Leinwand und den wenigen vorhandenen Referenzpunkten des Kopfes, des Dekolletés und der Hände. So erkennen wir, dass Mona Lisas linkes Auge genau im Mittelpunkt des Gemäldes liegt und ihr Haar ungefähr von den Linien des Goldenen Schnittes der Mitte zu den Seiten der Leinwand begrenzt wird. Darüber hinaus finden wir weitere mögliche Goldene Verhältnisse zwischen der Oberkante des Kopfes und des Armes: an Kinn und Dekolleté.

Unterteilte der Renaissance-Meister seine Komposition absichtlich wie abgebildet? Es scheint wahrscheinlich, aber wir werden es nie mit Sicherheit sagen können.

Die *Mona Lisa*, das berühmteste Gemälde der Welt, befindet sich in permanenter Ausstellung im Louvre in Paris, Frankreich.

Vielleicht eines der besten Beispiele für den Goldenen Schnitt in der Kunst ist da Vincis *Letztes Abendmahl*, das er zwischen 1494 und 1498 malte. Verschiedene Elemente und architektonische Merkmale weisen sehr präzise Goldene Verhältnisse auf. Betrachten wir zum Beispiel den Raum zwischen Tisch und Decke, befindet sich der Kopf Jesu genau im Mittelpunkt, während die Oberkanten der Fenster im Goldenen Schnitt liegen. Die Breite der Wappen steht ebenfalls im Goldenen Verhältnis zur Breite der Bögen, und die Streifen innerhalb des mittleren Wappens liegen im Goldenen Schnitt bezogen auf seine Breite. Manche glauben, sogar die Positionen der Apostel rund um den Tisch stünden im Goldenen Verhältnis zu Jesus.

Ein anderes berühmtes Werk ist eine Zeichnung, die um 1490 entstand und den offiziellen Titel *Le Proporzioni del Corpo Umano Secondo Vitruvio (Die Proportionen des mensch-*

Das Letzte Abendmahl, *1494–1498.*

lichen Körpers nach Vitruv) trägt. Wie der Name schon sagt, basiert sie auf den idealen menschlichen Proportionen, wie sie der Architekt und Kriegsingenieur der römischen Antike Vitruvius (ca. 75 bis ca. 15 v. Chr.) konzipierte. Im Buch III seines Traktates *De Architectura* beschrieb Vitruv die menschliche Gestalt als die Hauptquelle für Proportionen in der Architektur, mit dem Idealmaß des Körpers von achtmal der Länge des Kopfes:

> *„Ferner ist natürlicherweise der Mittelpunkt des Körpers der Nabel. Liegt nämlich ein Mensch mit gespreizten Armen und Beinen auf dem Rücken und setzt man die Zirkelspitze an der Stelle des Nabels ein und schlägt einen Kreis, dann werden die Fingerspitzen beider Hände und die Zehenspitzen von dem Kreis berührt. Ebenso, wie sich am Körper ein Kreis ergibt, wird sich auch die Figur eines Quadrates an ihm finden."* [4]

Vitruv vermaß den menschlichen Körper in ganzen Brüchen, bezogen auf die Größe des Körpers, wie wir anhand des über da Vincis Illustration gelegten Rasters erkennen können.

Diese Illustration zeigt die Höhe geteilt in Viertel und Sechstel, während die Breite in Achtel und Zehntel unterteilt ist. Wie wir sehen, verlaufen die Rasterlinien vertikal entlang des Schlüsselbeines, der Brustwarzen, der Genitalien und der Knie. Horizontal verlaufen sie entlang der Handgelenke, Ellbogen und Schultern.

Gegenüber:
Vitruvianischer Mensch,
ca. 1490.

Der vitruvianische Mensch weist zudem auch Merkmale auf, die auf ein Goldenes Verhältnis hinweisen. Auf der Strecke zwischen der Oberkante der Stirn und der Fußsohle liegen folgende Punkte im Goldenen Schnitt:

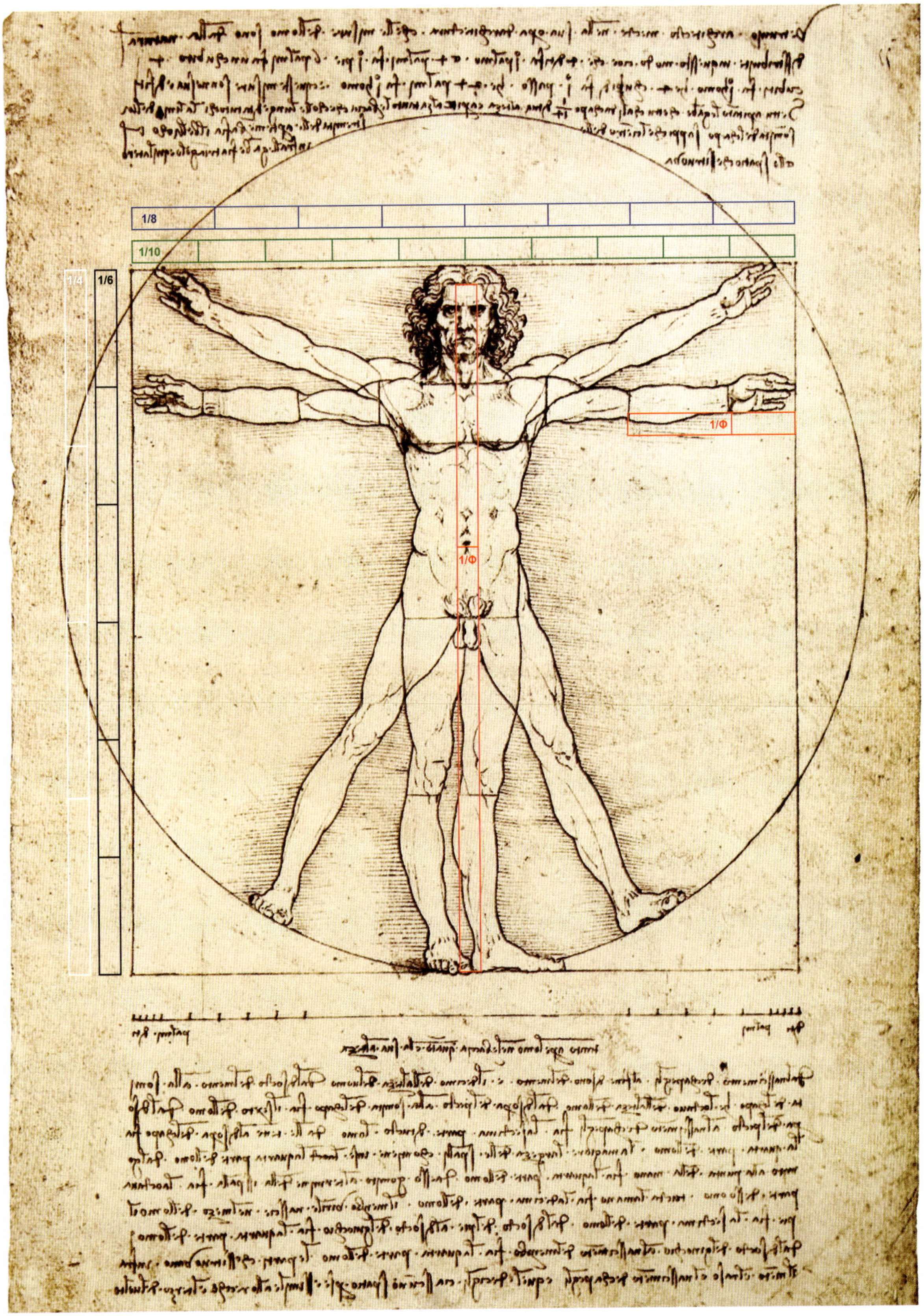
1/8
1/10
1/4
1/6
1/Φ
1/Φ

- Nabel (am häufigsten in Verbindung gebracht mit dem Goldenen Verhältnis zur Größe)
- Brustwarzen
- Schlüsselbeine

Im Abstand vom Ellbogen zu den Fingerspitzen liegt die Handwurzel im Goldenen Schnitt.

2011 wurde der Welt ein verschollenes Gemälde von Leonardo da Vinci präsentiert. Das Bild mit dem Titel *Salvator Mundi (Retter der Welt)* hatte sich 1649 in der Sammlung König Charles I. von England befunden. 1763 wurde es bei einer Auktion verkauft und blieb dann für viele Jahre verschollen. Robert Simon, ein Kunsthistoriker und privater Kunsthändler, war federführend bei den Bemühungen, das Gemälde wiederzufinden, das später von Dianne Dwyer Modestini restauriert wurde. Viele bemerkenswerte Eigenschaften brachten die Experten dazu, es tatsächlich als Original von Leonardo da Vinci zu betrachten – eines von nur 15, die heute noch existieren. 2017 wurde das Bild bei einer Auktion von Christie's für die Rekordsumme von 450 Millionen Dollar an den saudischen Prinzen Badr bin Abdullah bin Mohammed bin Farhan al-Saud verkauft und wird seitdem in der kürzlich eröffneten Dependance des Louvre in Abu Dhabi ausgestellt.[5]

Porträts weisen im Allgemeinen weniger distinkte Linien als Landschafts- oder Architekturmalereien auf, aber es gibt einige interessante Merkmale in der Gesamtkomposition des Bildes, die den Goldenen Schnitt aufweisen. Zum Beispiel stehen die Größen der Schlüsselelemente zueinander im Goldenen Verhältnis. Ausgehend von einem Goldenen Rechteck basierend auf der Höhe des Kopfes erkennen wir außerdem:

- Die Hand basiert auf dem Goldenen Verhältnis seiner Breite.
- Die Glaskugel basiert auf dem Goldenen Verhältnis seiner Höhe.
- Des gestickte Emblem basiert auf dem Goldenen Verhältnis seiner Länge und Breite.

Eine weitere Analyse zeigt horizontale Goldene Verhältnisse zwischen der Position der äußeren Augenwinkel und der Breite der Leinwand, der Breite des mittleren Emblems zur Breite des Ausschnitts, der Breite des Edelsteines zum Emblem und der Position der Finger zur Hand. Ein Goldenes Verhältnis besteht außerdem zwischen der Höhe des Kopfes und dem Ausschnitt (wie bei der *Mona Lisa*), der Höhe des Edelsteins und dem Emblem und der Lage der Reflexionspunkte auf der gläsernen Weltkugel.

Gegenüber: Salvator Mundi, *ca. 1500, das teuerste je verkaufte Bild.*

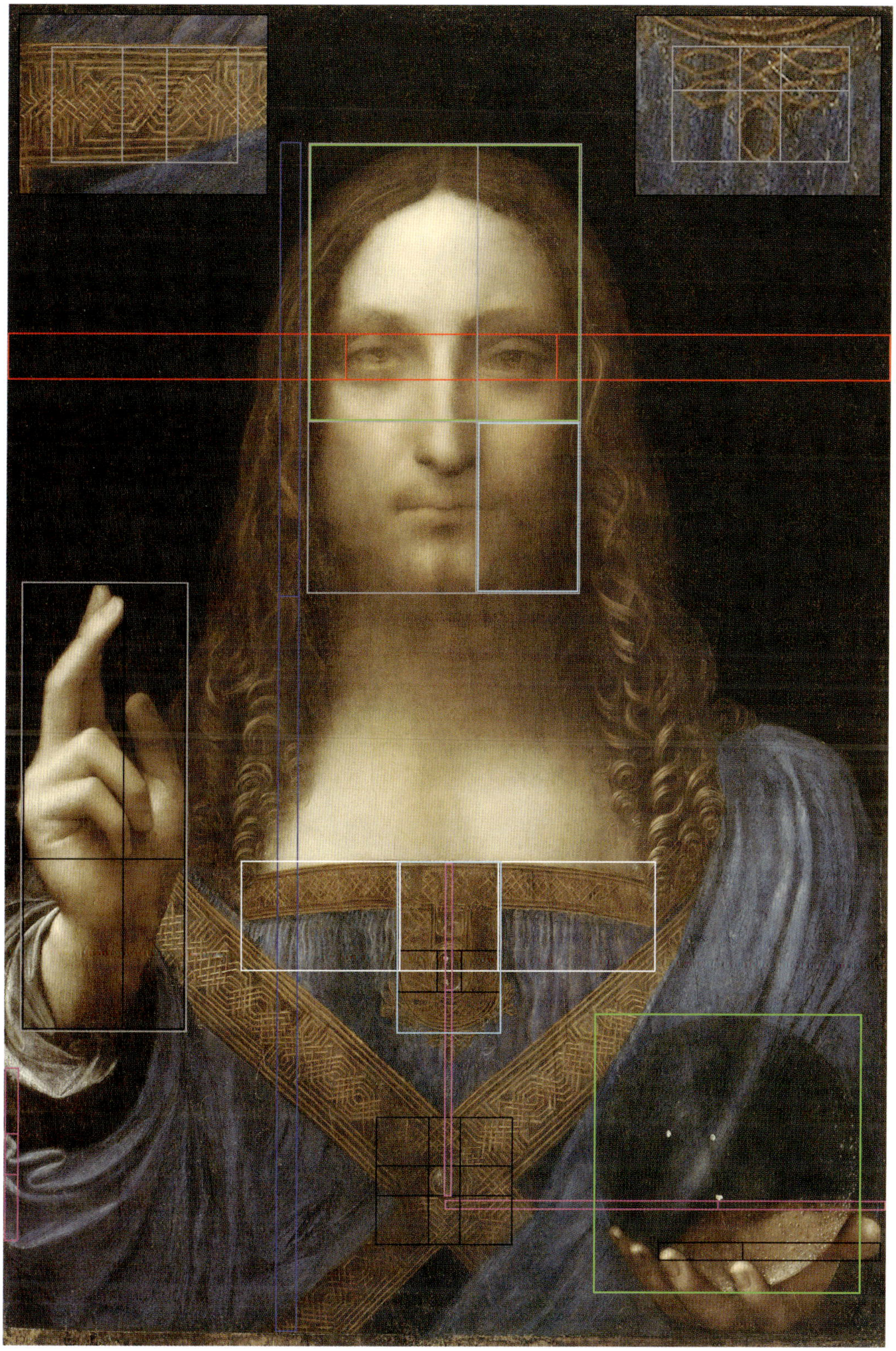

Diese zweitklassigen Versionen von Salvator Mundi *des italienischen Malers Michele Coltellini (links) und des böhmischen Kupferstechers Wenzel Hollar (rechts) ließen Kunsthistoriker darauf schließen, dass die Leonardo zugeschriebene Version tatsächlich ein Original ist.*

Wir können nicht mit Sicherheit wissen, wo Leonardo in der Komposition seines Gemäldes absichtlich den Goldenen Schnitt anwandte. Wir wissen nur, dass er ihn davor schon ausgiebig verwendete und er dieses Christusbild wenige Jahre nach dem Beginn der Zusammenarbeit mit Pacioli an der *De Divina Proportione* begann. Leonardo sagte einst:

„Es gibt drei Klassen von Menschen: jene, die sehen, jene, die sehen, wenn man es sie lehrt, und jene, die nicht sehen."[6]

Obwohl Luca Pacioli Leonardo da Vincis Lehrer der Mathematik war, kam seine Wertschätzung der einzigartigen Ästhetik des Goldenen Schnittes, die ihn zum Verfassen von *De Divina Proportione* inspirierte, vielleicht von da Vinci und Piero della Francesca, die beide den Goldenen Schnitt in ihren Werken bereits lange zuvor angewandt hatten.

SANDRO BOTTICELLI

Die Geburt der Venus, gemalt von Sandro Botticelli zwischen 1482 und 1485, ist eines der berühmtesten Gemälde der italienischen Kunst des 15. Jahrhunderts. Es basiert auf Ovids *Metamorphosen*, einem Klassiker der lateinischen Literatur, und zeigt Venus, die Göttin der Liebe, zwischen der Hora des Frühlings und Zephyr, dessen Atem zum Wehen des Windes wird.

Auch hier erkennen wir das Wissen um und die Anwendung des Goldenen Schnittes – lang vor dem Erscheinen von *De Divina Proportione*. Den ersten Hinweis finden wir in den Maßen der Leinwand selbst, 172,5 × 278,5 cm.[7] Das Verhältnis der Breite zur Höhe ist 1,6168, eine Abweichung um nur 0,08 Prozent von Phi (1,618). Um das ins rechte Licht zu rücken: Um eine Leinwand exakt im Goldenen Verhältnis zu erhalten, müsste man die Höhe lediglich um knapp 13 mm kürzen! Die Breite von 278 cm scheint irgendwie zufällig, bis man erfährt, dass die Maßeinheiten jener Zeit nicht standardisiert waren. Der spanische Fuß (*pie*) des Mittelalters betrug 27,8 cm, was ein Hinweis darauf sein könnte, dass die Dimensionen keineswegs willkürlich gewählt waren, sondern ziemlich genau auf zehn

Die Geburt der Venus, *ca. 1485.*

Fuß angelegt waren. Wie immer man das sieht, man kann daraus schließen, dass Botticelli die Absicht hatte, dieses große Werk mit der Perfektion des Goldenen Verhältnisses zu beginnen.

Interessanterweise ist *Die Geburt der Venus* das erste jemals in der Toskana gemalte Werk. Botticelli schuf diese revolutionäre Arbeit als Hochzeitsgeschenk für ein Mitglied seiner Herrscherfamilie, der politisch und finanziell mächtigen Medici. In dieser Zeit der vom Christentum beeinflussten Kunst wurde Nacktheit nur selten dargestellt, und die beabsichtigte Aufhängung über dem Ehebett fügte noch einen weiteren schockierenden Unterton von Sinnlichkeit und Begehren hinzu. Das Gemälde war derart umstritten, dass es 50 Jahre lang hinter verschlossenen Türen gehalten wurde. Auch auf diesem Bild sind einige Schlüsselelemente genau an den Punkten des Goldenen Schnittes gesetzt:

Botticelli fügte dieses Selbstporträt in das Gemälde Die Anbetung der Könige *ein (ca. 1475).*

- Die vertikale Linie des Goldenen Schnittes zwischen linker und rechter Seite des Bildes fällt genau auf den Punkt, an dem der Daumen und die Finger der Hora sich berühren, so als ob sie das Goldene Verhältnis dieses Bildes oder sogar etwas Göttliches fassen wolle.
- Die vertikale Linie des Goldenen Schnittes zwischen rechter und linker Seite des Bildes trifft genau auf den Punkt, wo Land und Meer am Horizont aufeinandertreffen.
- Die horizontale Linie des Goldenen Schnittes zwischen oberer und unterer Kante verläuft genau entlang der Oberkante der Muschel.
- Die horizontale Linie des Goldenen Schnittes zwischen unterer und oberer Kante verläuft genau entlang des Horizonts und durch den Nabel der Venus.

Weiters liegt der Nabel der Venus genau im Goldenen Schnitt in Bezug auf ihre Größe, egal ob man vom Haar bis zum Ende des unteren Fußes, vom Haaransatz an der Stirn bis zum Ende des oberen Fußes oder von der Mitte ihrer Füße bis zum Ende der Haare am Hinterkopf misst.

Zwischen 1485 und 1490 malte Botticelli außerdem mehrere Bilder von der Verkündigung. Dieses Ereignis, das das Zusammentreffen von Göttlichem und Menschlichen ganz klar einfängt, ist eine ausgezeichnete Möglichkeit, das göttliche Verhältnis anzuwenden. Beachten Sie, dass dabei die Rasterlinien bis auf eine Ausnahme einfach über die Höhe und Breite der Leinwand gelegt wurden, sodass keine kreative Interpretation der Platzierung notwendig ist.

Oben: Verkündigung, *1489.*

Gegenüber: *Diese Version der* Verkündigung *von Botticelli befindet sich im Puschkin-Museum der Schönen Künste in Moskau, Russland.*

Folgende Seiten, oben: *Ein modernes Stadtbild von Florenz, der Geburtsstadt der Renaissance.*

Folgende Seiten, unten: Verkündigung, *ca. 1488–1490, vom Altarbild von Botticelli im Markusdom.*

RAFFAEL

Selbstporträt,
Raffael, ca. 1504–1506.

Raffaello Sanzio da Urbino, Maler und Architekt der Hochrenaissance und bekannt unter dem Namen Raffael, lebte von 1483 bis 1520. Er gehört neben Michelangelo und Leonardo da Vinci zu den drei großen Malern dieser Zeit. Eines seiner berühmtesten Werke ist *Die Schule von Athen*, ein Fresko im Papstpalast im Vatikan. Es fängt den Geist der Renaissance ein und wird als Meisterwerk verehrt. Es wurde 1509, als Pacioli *De Divina Proportione* veröffentlichte, begonnen und zwei Jahre später fertiggestellt.

Sollte die Frage auftauchen, ob Raffael den Goldenen Schnitt bei der Komposition verwendete, kann man sie guten Gewissens mit Ja beantworten: aufgrund des Goldenen Rechtecks im Vordergrund mittig. Es ist so, als ob Raffael einen kleinen, aber unbestreitbaren Hinweis abgegeben hätte, um eine Antwort zu geben, schon bevor die Frage gestellt wurde. Dieses kleine Rechteck misst 46 × 28 cm und ist ein ziemlich unübliches Element. Vielleicht trug es einst den Titel oder eine Beschreibung des Gemäldes? Wir werden es nie erfahren.

Kein anderes Verhältnis würde dasselbe Resultat in der Komposition ergeben. Das Gemälde hat tausende komplexe Linien, sodass man sagen könnte, Goldene Schnitte darunter zu finden, sei ganz einfach, ob sie nun beabsichtigt waren oder nicht. Es gibt zwei Wege, diesen Einwand zu widerlegen:

1. Setzen Sie die Option Linienverhältnis im PhiMatrix-Software-Programm auf irgendein anderes Verhältnis und schauen Sie, ob dieselbe Vielzahl und Konstanz an Ergebnissen herauskommt wie beim Goldenen Schnitt.
2. Konzentrieren Sie sich allein auf die wichtigen Elemente der Komposition. Beachten Sie zum Beispiel, dass die Goldenen Schnitte der Breite und der Höhe die Position des Bogens im Vordergrund, das obere Ende der Treppe und die höchste Stelle des am weitesten entfernten Bogens bestimmen.

Weitere Goldene Verhältnisse definieren andere Schlüsselelemente der Komposition. Raffaels komplexe Anwendung des Goldenen Schnittes ist ebenso offensichtlich wie brillant. Um die Details und die Tiefe von Raffaels Planung und Anwendung der Größenverhältnisse in diesem Gemälde zu erfassen, betrachten Sie das Bild auf der gegenüberliegenden Seite:

Die Schule von Athen
von Raffael, 1509–1511.

- Jedes Rechteck beginnt auf der linken Seite der linken Säule des Gemäldes. Dieser Punkt repräsentiert den ersten architektonischen Referenzpunkt des eigentlichen Schulgebäudes, wie man es durch das gebogene Portal auf dem Fresko sehen kann.
- Jedes Rechteck erstreckt sich zu einem wichtigen Kompositionselement auf der rechten Seite des Gemäldes.
- Jede teilende Linie zeigt einen Goldenen Schnitt, an dem sich ein weiteres wichtiges Element der Komposition befindet.

MICHELANGELO

Die Gemälde eines anderen großen Meisters der Hochrenaissance, Michelangelo (geboren 1475 als Michelangelo di Lodovico Buonarroti Simoni), stellen ein weiteres brillantes Beispiel für die Bedeutung des Goldenen Schnittes in der Kunst der Renaissance dar. Die Analyse der Sixtinischen Kapelle brachte mehr als zwei Dutzend Beispiele des Goldenen Schnittes bei den wichtigsten Elementen der Komposition zum Vorschein.

Das vielleicht erstaunlichste ist der Punkt, an dem Gott in Michelangelos Kultfresko *Die Erschaffung des Adam* Adams Finger berührt. Dieser Punkt liegt im Goldenen Schnitt sowohl der horizontalen als auch der vertikalen Größenverhältnisse.

Rechts: Michelangelo *vom italienischen Künstler Daniele da Volterra, ca. 1544.*

Unten: *Ansicht der Decke in Michelangelos Sixtinischer Kapelle, die zwischen 1508 und 1512 fertiggestellt wurde.*

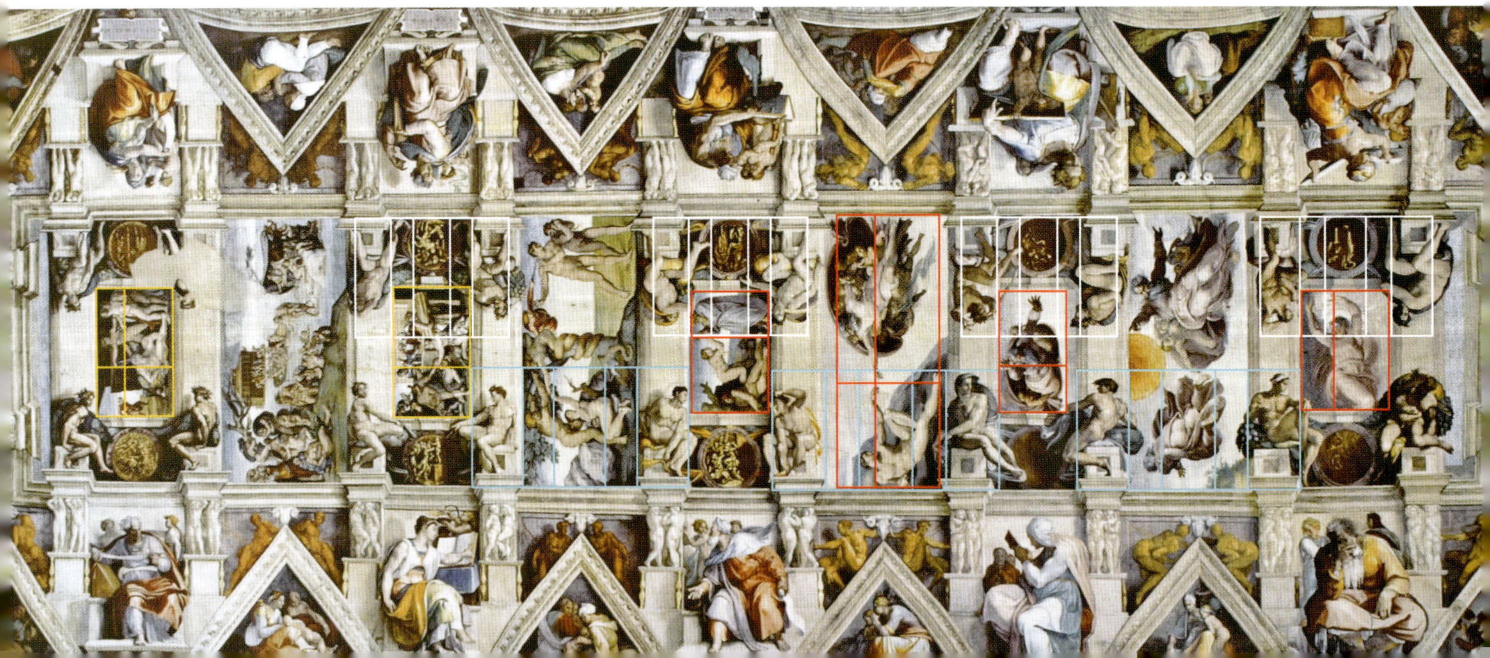

Michelangelo wiederholte das Thema der Berührung im Goldenen Schnitt in anderen Fresken der Sixtinischen Kapelle. Die Rasterlinien auf dem Bild gegenüber zeigen den Goldenen Schnitt der Höhe und der Breite bei jedem Fresko. In einigen Fällen ist die Position der Hände so gewählt, als ob sie den Goldenen Schnitt ergreifen wollten, was man als visuelle Metapher des menschlichen Verlangens, das Göttlich zu greifen, verstehen kann.

Die Erschaffung des Adam.

Der Sündenfall und die Vertreibung aus dem Paradies.

Die Erschaffung
der Eva.

Die Teilung von Erde und Wasser.

Die letzte in der Reihe von neun biblischen Erzählungen auf den Fresken der Decke der Sixtinischen Kapelle ist *Die Trunkenheit Noahs.* Die Größe des Freskos selbst liegt innerhalb von zwei Prozent der Proportionen eines Goldenen Rechtecks. Innerhalb des Freskos zeigen die Finger von zwei der Söhne Noahs direkt auf den Goldenen Schnitt der Höhe beziehungsweise der Breite des Bildes. Fast so, als wolle man dem Betrachter zeigen, wo die Goldenen Schnitte liegen – man kann fast vermuten, dass Michelangelo tatsächlich die göttliche Proportion anwandte.

Die Trunkenheit Noahs.

Diese Lunette in der Sixtinischen Kapelle trägt die Namen von Salmon, Boaz und Obed, die im Buch Ruth des Alten Testaments erwähnt werden. In diesem Fresko stillt Ruth den Säugling Obed.

Sollte es noch Zweifel daran geben, dass Michelangelo das göttliche Verhältnis in seinem epischen Werk tatsächlich anwandte, dann betrachten Sie die Schrifttafeln mit den Namen der Vorfahren Jesu an den Seitenwänden der Sixtinischen Kapelle. Höhe und Breite der Namensschilder bilden ein Goldenes Rechteck – auf ein oder zwei Pixel genau. Das durchschnittliche Verhältnis der Höhe zur Breite aller Bilder ist 1,62, auf 1/1000 genau innerhalb des Goldenen Verhältnisses von 1, 618.

Michelangelos wundervolle Sammlung von Gemälden wurde zwischen 1508 und 1512 für Julius II. und seine Nachfolger, alle Päpste der römisch-katholischen Kirche, erstellt. Bedenkt man ihre religiöse Bedeutung, sollte es wirklich keine Überraschung sein, dass Michelangelo die göttliche Proportion in diesem Umfang verwendete, um sowohl mathematische als auch visuelle Harmonie in die biblischen Erzählungen zu bringen. Rückblickend gesehen wäre es eine weit größere Überraschung, wenn er und andere Meister der Renaissance dies nicht getan hätten.

Oben: *Eine moderne Ansicht von Vatikan-Stadt, Sitz der katholischen Kirche, mit dem Petersdom im Zentrum.*

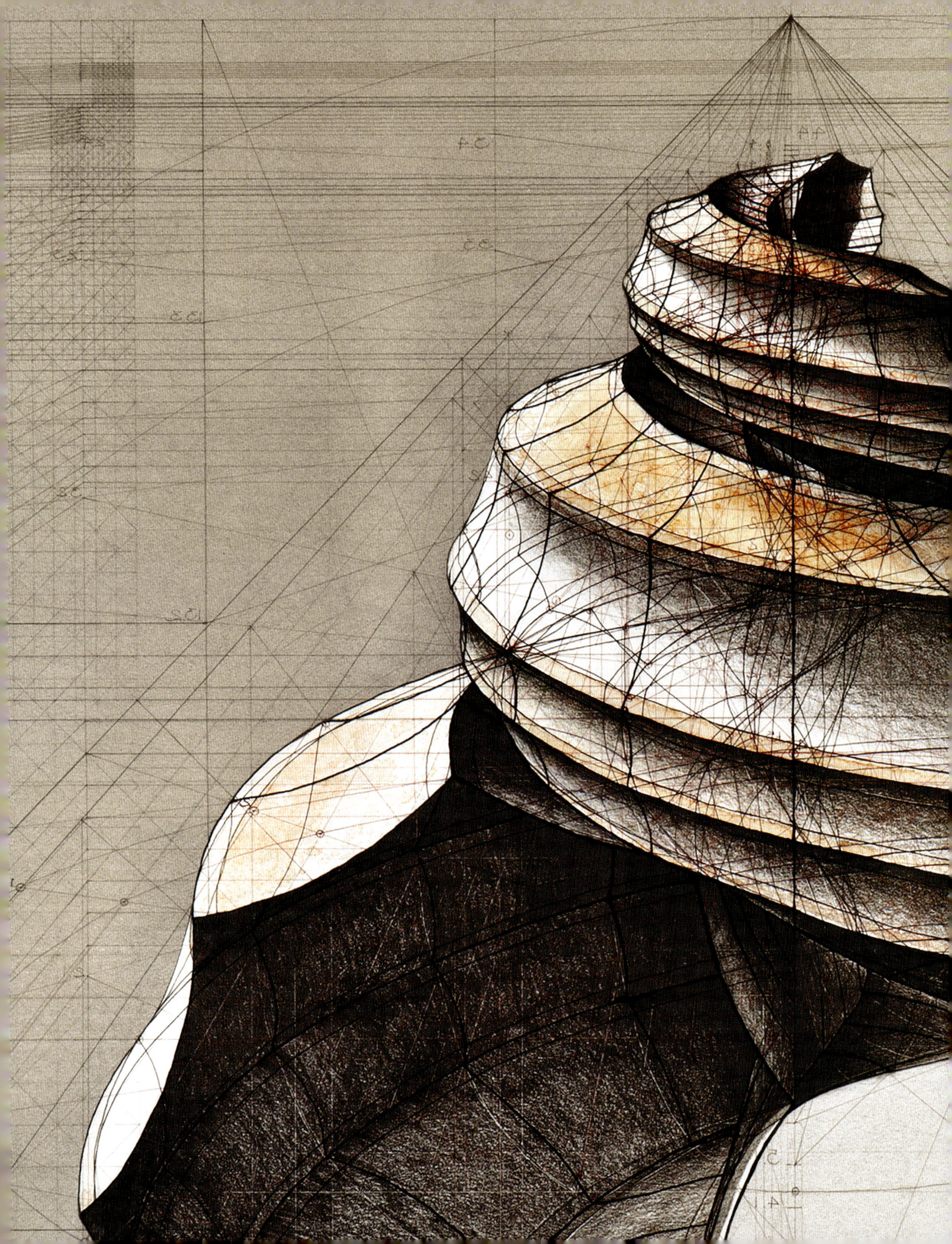

IV

ARCHITEKTUR UND DESIGN

„Manche sagen, sie sähen Poesie in meinen Bildern; ich sehe nur Wissenschaft.“[1]

— Georges Seurat

Alles, was Sie sehen und hören, kann mathematisch oder geometrisch ausgedrückt werden. Mathematik ist in den Orthogonalen einer Stadtlandschaft, die am Horizont in einem Fluchtpunkt zusammenlaufen, man sieht sie auch in den 256 Werten von rot, grün und blau jedes Pixels auf Ihrem Bildschirm, die die 16.777.216 einzigartigen Farbkombinationen[2], die jedes Bild ausmachen, definieren. Und sogar jeder schöne Moment in einem Lied kann als mathematisch definierte Kombination von Frequenzen und Amplituden ausgedrückt werden.

Wir wir schon erfahren haben, sorgte die Faszination der Künstler und Philosophen für die vielen bemerkenswerten Aspekte des Goldenen Schnittes seine Verwendung in der Kunst. Wann und wo das erstmals geschah, wissen wir nicht, aber es gibt Hinweise darauf, dass bereits die alten Ägypter erkannt haben, dass dieses Verhältnis etwas Besonderes ist.

PHI, PI UND DIE PYRAMIDEN VON GIZEH

Die Pyramiden von Gizeh, etwa 16 Kilometer südlich der heutigen Stadt Kairo und acht Kilometer westlich des Nils, beschäftigen die kollektive menschliche Psyche bereits seit mehr als 4000 Jahren. Drei massive pyramidale Grabmäler dominieren die Landschaft und erinnern an die drei Pharaonen der florierenden vierten Dynastie in Ägypten: Cheops, seinen Sohn Chephren und seinen Enkel Mykerinos. Die berühmte Große Sphinx, die Chephrens Gesichtszüge trägt, befindet sich etwa 500 Meter östlich der Chephren-Pyramide. Sogar in unserem technisch fortschrittlichem Zeitaltern staunen Archäologen über die unglaubliche Technik und die Arbeitskräfte, die nötig waren, um die tausenden zwei Tonnen schweren Kalksteinblöcke zu so präzisen und gewaltigen Formationen aufzutürmen.

DIE GROSSE PYRAMIDE

Die Große Pyramide kennt man auch unter dem Namen Cheops-Pyramide. Sie ist das älteste der Sieben Weltwunder der Antike und das einzige, das zum Großteil noch intakt ist. Es gibt immer noch Debatten über die geometrischen Prinzipien ihres Entwurfes, man vermutet aber, dass sie um 2560 v. Chr. erbaut wurde. Die äußere, glatte Hülle ist heute verschwunden, alles was blieb, ist der schroffe innere Kern, deshalb ist es schwierig, die ursprünglichen Größenabmessungen mit absoluter Sicherheit zu bestimmen. Glücklicherweise blieb die äußere Hülle der Spitze erhalten, wodurch Archäologen eine relativ genaue Schätzung abgeben können.

Die 5000 Jahre alten Pyramiden am Stadtrand von Gizeh, Ägyptens drittgrößter Stadt, ragen in die Wüste.

Diese frühe Illustration zeigt Beduinen im späten 19. Jahrhundert bei der Rast in der Nähe der Großen Pyramide von Gizeh.

Es lässt sich eigentlich nicht darüber streiten, dass die Abmessungen der Cheops--Pyramide Pi und den Goldenen Schnitt mit ziemlicher Genauigkeit widerspiegeln. Der einzige strittige Punkt ist, ob die alten Ägypter diese Konstanten tatsächlich kannten und beim Entwurf bewusst anwandten. Inwiefern verkörpert die Große Pyramide eines beziehungsweise beide Konzepte? Auf diese Frage gibt es mehrere Antworten, basierend auf verschiedenen Messungen und Beobachtungen, die wir nun genauer betrachten werden.

1. Die Abmessungen einer Pyramide basierend auf Φ weichen um nur 0,07 Prozent von den geschätzten Abmessungen der Großen Pyramide ab.

Wie wir auf Seite 11 feststellten, ist Phi die einzige Zahl, deren Quadrat um genau 1 größer ist als sie selbst, was es Kepler erlaubte, das nach ihm benannte Dreieck zu entwickeln, indem er diese Eigenschaft mit dem Satz des Pythagoras in Verbindung brachte. Verwendet man ein Kepler-Dreieck mit den Seitenlängen $\sqrt{\Phi}$, 1 und Φ, um das Verhältnis zwischen der Höhe einer Pyramide und der Länge ihrer vier Seiten zu beschreiben, ergibt das eine Pyramide mit der Seitenlänge 2 und einer Höhe von $\sqrt{\Phi}$, was in Dezimalzahlen ausgedrückt ungefähr 1,272 ist. Damit ergibt sich ein Verhältnis von der Höhe zur Seitenlänge von ungefähr 0,636.

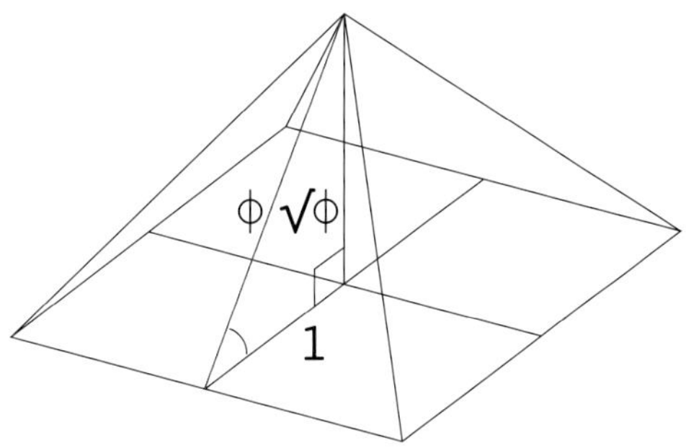

Die Große Pyramide von Gizeh hatte eine geschätzte ursprüngliche Höhe von 146,59 Metern und eine Seitenlänge von etwa 230,33 Metern,[3] was ebenfalls ein Verhältnis zwischen Höhe und Seitenlänge von 0,636 ergibt! Dieses Ergebnis weist darauf hin, dass die Große Pyramide tatsächlich ein Beispiel für eine Pyramide basierend auf einem Kepler-Dreieck ist, zumindest bis auf drei Dezimalstellen genau. Wäre die Seitenlänge genau 230,33 Meter, dann würde ein perfektes Goldenes Verhältnis eine Höhe von 146,49 Metern ergeben, was von der tatsächlichen geschätzten Höhe der Großen Pyramide nur um 0,10 Meter oder 0,067 Prozent abweicht. Es wäre also wohl ein unglaublicher Zufall, wenn der Entwurf der Pyramide nichts mit dem Goldenen Schnitt zu tun hätte.

Eine Pyramide, die auf einem Kepler-Dreieck beruht, hat noch andere bemerkenswerte Eigenschaften. Zum Beispiel stehen die Fläche der vier Seiten im Goldenen Verhältnis zur Grundfläche:

- Die Fläche jeder der dreieckigen Außenflächen ist gleich der Hälfte der Seitenlänge (2) multipliziert mit ihrer Höhe (Φ), was Φ ergibt.
- Die Grundfläche ist 2 × 2 groß, was gleich 4 ist.
- Somit ergibt sich für das Verhältnis der Fläche der vier Seiten (4 Φ) zur Grundfläche (4) genau Φ.

2. *Die Abmessungen einer Pyramide basierend auf π weichen nur um 0,03 Prozent von den geschätzten Abmessungen der Großen Pyramide ab.*

Diese Abbildung zeigt die Beziehung zwischen einer Pyramide mit der Seitenlänge 2 und dem Radius eines Kreises mit demselben Umfang, nämlich 8.

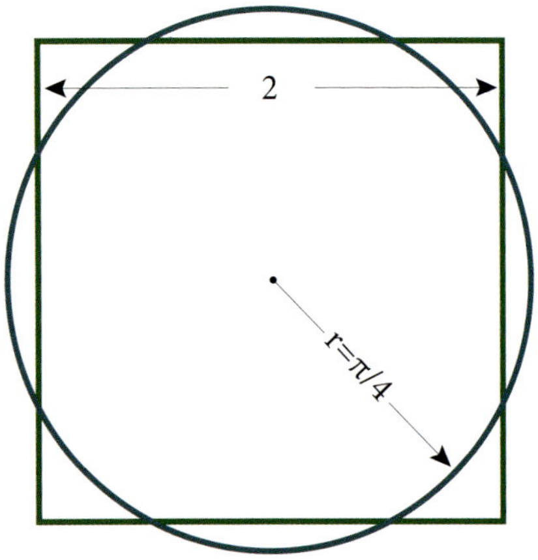

1838 stellte H. C. Agnew in seinem *Letter from Alexandria on the evidence of the practical application of the quadrature of the circle, in the configuration of the great pyramids of Gizeh*[4] eine weitere interessante Hypothese auf: Was, wenn die Ägypter die Höhe der Pyramide basierend auf einem Kreis mit demselben Umfang und derselben Fläche wie der Grundfläche errechneten? Nimmt man einen Kreis mit dem Umfang 8, was dem Umfang einer Pyramide mit der Seitenlänge 2 entspricht, und berechnet den Radius, indem man den Umfang durch 2π dividiert, erhält man den Wert 4/π oder 1,273, der weniger als 1/10 Prozent von dem mithilfe des Kepler-Dreiecks errechneten Wert von 1,272 abweicht. Multipliziert man die Seitenlänge der Pyramide (230,33 Meter) mit der Hälfte dieses Wertes, ergibt sich eine Höhe von 146,63 Metern – der Unterschied zwischen den mit den beiden Methoden berechneten Höhen beträgt nur 0,14 Meter; der Unterschied zur geschätzten Höhe der Pyramide sogar nur 0,04 Meter.

3. *Eine Pyramide basierend auf Flächen ist, geometrisch betrachtet, identisch zu einer basierend auf Φ.*[5]

Abgesehen von den Verbindungen der Abmessungen der Großen Pyramide zu Φ und π wäre es auch möglich, dass man beim Bau der Pyramide einen anderen Ansatz wählte, der zufällig das Verhältnis von Phi ergab. In den Schriften des griechischen Historikers Herodot gibt es eine vage und oft diskutierte Anspielung auf eine Beziehung zwischen der Höhe einer Pyramide und der Fläche einer ihrer Seitenwände, die wie folgt ausgedrückt wird:

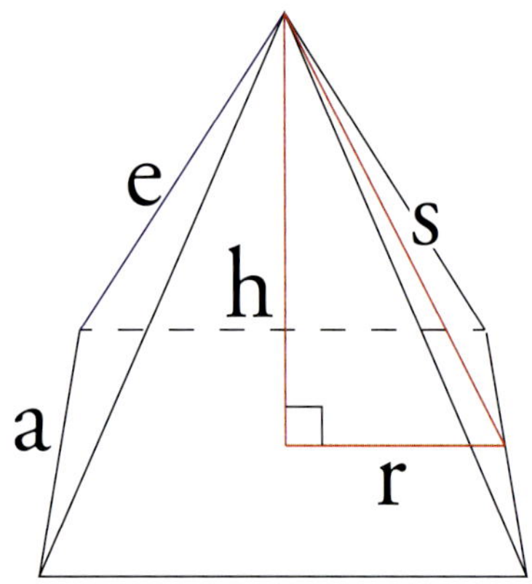

Fläche einer *Seitenwand* = Fläche eines *Quadrates, gebildet mithilfe der Höhe (h)*

$(2r \times s) / 2 = h^2$

Vom Satz des Pythagoras wissen wir, dass $r^2 + h^2 = s^2$, was bedeutet $h^2 = s^2 - r^2$.

Daraus folgt: $r \times s = s^2 - r^2$

Wenn $r = 1$ ist, dann ist $s = s^2 - 1$. Wie bereits erwähnt (Seite 11), ist Φ die einzige Zahl, deren Quadrat um genau 1 größer ist als sie selbst, und deshalb ist Φ die einzige positive Lösung dieser Gleichung, wenn man nach s sucht. Daraus folgt, dass die Große Pyramide perfekte Goldene Verhältnisse aufweist, wenn das Verhältnis der Fläche basierend auf der Höhe zur Fläche der Seitenwände die Grundlage für ihre Abmessungen darstellte – ob das nun von den Architekten beabsichtigt war oder nicht.

4. Die Abmessungen einer Pyramide basierend auf dem alt-ägyptischen Seked *weichen um nur 0,01 Prozent von den geschätzten Abmessungen der Großen Pyramide ab.*

Es ist sehr wahrscheinlich, dass die Große Pyramide unter der Verwendung des *Seked* gebaut wurde, einer technischen Maßeinheit, die die Neigung der Pyramide in altägyptischen Königsellen als Verhältnis der Hälfte der Seitenlänge zur Höhe ausdrückt. Das Konzept des Seked wird in alten ägyptischen Papyri, darunter auch im berühmten *Papyrus Rhind* (datiert um 1550 v. Chr.), beschrieben, und die Königselle gab es bereits seit dem 3. Jahrtausend v. Chr.[6] und damit schon vor dem Bau der Großen Pyramide. Eine Königselle entspricht 52,5 Zentimetern oder sieben Handbreiten, die jede wiederum aus vier Fingerbreiten besteht. Moderne Untersuchungen der Großen Pyramide legen eine Seked-Neigung von 5,5 nahe – das entspricht einer halben Seitenlänge von 5 ½ Handbreiten und einer Höhe von 1 Königselle (d. h. 7 Handbreiten).[7] Rechnet man mit der ganzen Seitenlänge, ist das Verhältnis der Höhe zur Seitenlänge 7/11 oder 0,63636. Wenn wir die relativ genau bestimmte Seitenlänge von 230,33 Metern damit multiplizieren, erhalten wir eine Höhe von 146,57 Metern – das sind nur unglaubliche 0,016 Meter weniger als die tatsächlich geschätzte Höhe der Großen Pyramide.

Dieser Teil des Palermosteins berichtet über die Höhe des Wasserspiegels des Nils während des Hochwassers in der Regierungszeit König Ninetjers (gest. 2845 v. Chr.) gemessen in Königsellen, Hand- und Fingerbreiten.

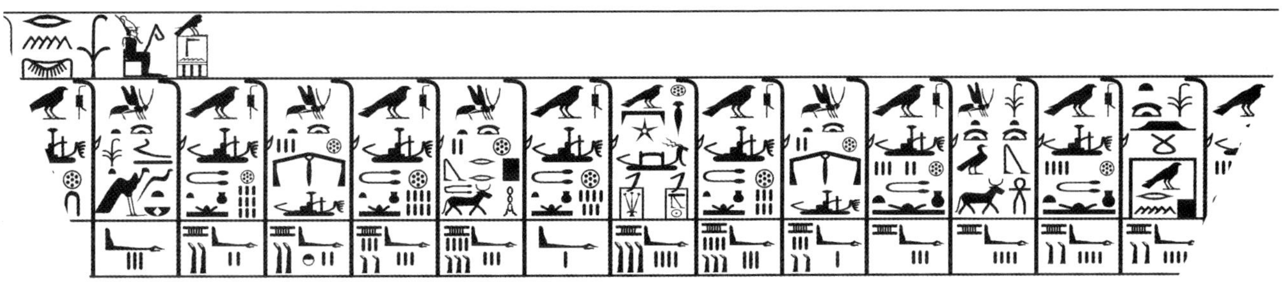

Wir wissen nicht mit Sicherheit, wie die Pyramiden konzipiert wurden und wie das anscheinende Wissen um diese geometrischen Verhältnisse und Konzepte wieder verlorengehen konnte. Wir wissen aber, dass die Ägypter die Pyramiden mit erstaunlicher Präzision bauten und wenig dem Zufall überließen, wie die Abweichung von nur 0,05 Grad vom geographischen Norden zeigt. Und die Erbauer wählten Ansätze, die beinahe identische geometrische Verhältnisse ergeben wie jene von Pyramiden basierend auf Phi und Pi.

Wäre die Anwendung der Goldenen Schnittes durch die alten Ägypter auf dieses eine Vorkommen bei der Großen Pyramide beschränkt, könnte man noch mit Zufall argumentieren. Es gibt jedoch zahlreiche Hinweise, die vermuten lassen, dass der Goldene Schnitt auch hinsichtlich der Lage und der relativen Größen der drei Pyramiden in Gizeh eine Rolle spielte. So kann man darauf schließen, dass die Ägypter tatsächlich um den Goldenen Schnitt wussten und ihn bewusst anwendeten.

Die Nekropole von Gizeh von oben.

DIE PYRAMIDEN VON CHEOPS, CHEPHREN UND MYKERINOS

Nun betrachten wir den Pyramidenkomplex als Ganzes. Wenn man bei Satellitenbildern um die Außenkanten der beiden größeren Pyramiden, der Cheops- und der Chephren-Pyramide, ein Rechteck zieht, stellt man fest, dass die östliche Kante der Grundfläche der Chephren-Pyramide entlang des Goldenen Schnittes des Abstandes der östlichen zur westlichen Kante des Rechtecks verläuft. Ein Goldenes Verhältnis ergibt sich außerdem, wenn man den Abstand der nördlichen Kanten der Cheops- und der Chephren-Pyramide mit dem Abstand zwischen der nördlichen und südlichen Kante der Grundfläche der Chephren-Pyramide vergleicht.

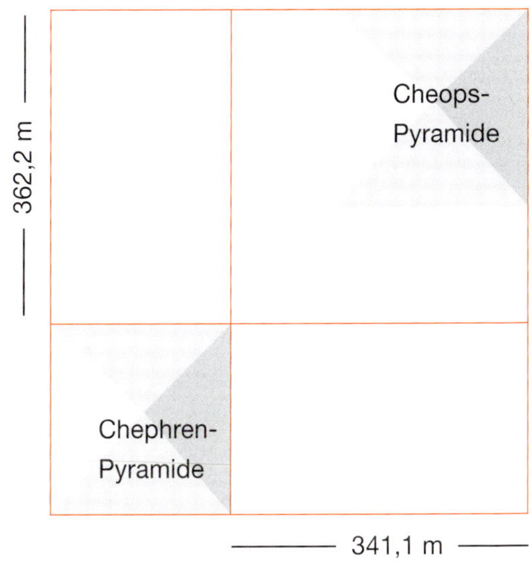

Diese Beziehungen werden durch die Berechnungen der Größenverhältnisse in Gizeh durch den Archäologen Glen Dash bestätigt.[8] Zum Beispiel entspricht die Breite des Rechtecks, das die beiden größeren Pyramiden umfasst, etwa 556,4 Metern, während die Länge 577,4 Meter misst. Die Seitenlänge der Chephren-Pyramide beträgt 215,3 Meter.[9] Ziehen wir diese Zahl jeweils von der Höhe und der Breite des Rechtecks ab, ergibt sich eine Distanz von 341,1 Metern zwischen den östlichen Kanten der Grundflächen von Cheops und Chephren und eine Distanz von 362,2 Metern zwischen ihren nördlichen Kanten. Dividieren wir den Umfang durch diese Entfernungen, ergibt das Verhältnisse von 1,631 und 1,594. Der Durchschnitt der beiden Verhältnisse beträgt 1,613, was äußerst nahe an 1,618 liegt.

Eine andere Analyse des Komplexes von Gizeh durch Chris Tedder[10] eröffnete einen noch einfacheren und eleganteren Zusammenhang zwischen den Positionen der Spitzen der Pyramiden von Cheops, Chephren und Mykerinos. Diese Beziehung ergibt sich durch zwei Goldene Rechtecke (eines horizontal, das andere vertikal ausgerichtet), deren Eckpunkte, wie auf der folgenden Seite zu sehen, genau auf den Spitzen der Pyramiden liegen.

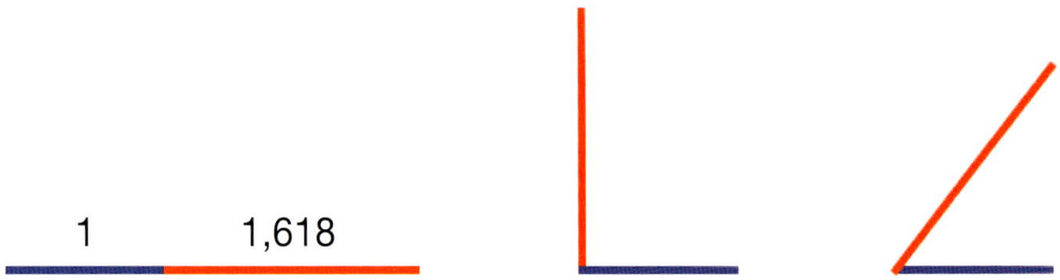

Ausgehend von Dashs sehr präzisen Messungen in Gizeh beträgt die Ost-West-Distanz zwischen den Spitzen der Cheops- und der Chephren-Pyramide 333,9 Meter, und die Ost-West-Distanz zwischen den Spitzen der Chephren- und der Mykerinos-Pyramide 239,5 Meter. Von Norden nach Süden sind die Spitzen jeweils 354,3 und 385,7 Meter voneinander entfernt. Das erlaubt es uns, zwei Rechtecke mit den Maßen 573,4 × 354,3 m (blau) und 385,7 × 239,5 m (rot) zu erstellen. Das größere Rechteck weist perfekte Goldene Proportionen auf, während die des kleineren um nur 0,08 von Phi abweichen.

Diese Abbildung basierend auf der Analyse von Tedder zeigt die zwei Goldenen Rechtecke, die sich mithilfe der Distanzen zwischen den Spitzen der Mykerinos- (links), der Chephren- (Mitte) und der Cheops-Pyramide (rechts) bilden lassen. NB: Die obere Seite der Abbildung zeigt nach Westen.

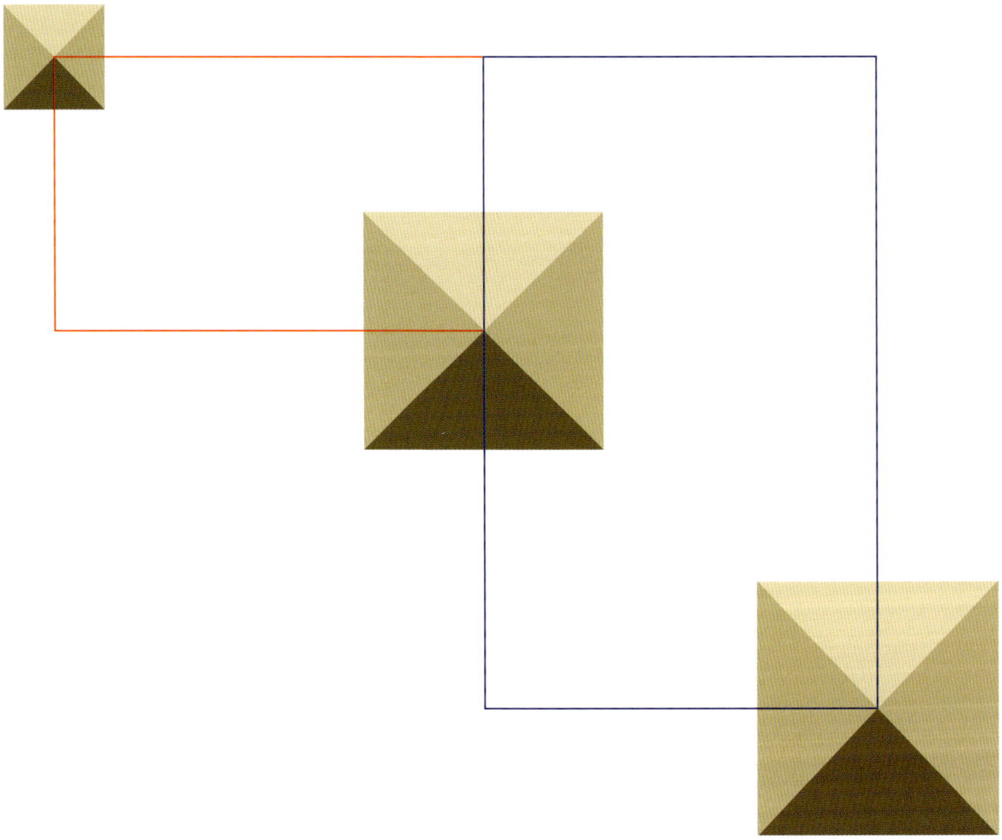

Zusammenfassend sagen die geometrischen Beziehungen basierend auf den jüngsten Vermessungen auf dem Gelände von Gizeh über die drei Hauptpyramiden Folgendes aus:

- Das durchschnittliche Verhältnis der Entfernungen zwischen den östlichen und nördlichen Kanten der Cheops- und der Chephren-Pyramide zur Breite der Chephren-Pyramide beträgt in etwa 1,618.
- Das Verhältnis der Ost-West-Distanz zwischen den Spitzen der Cheops- und der Mykerinos-Pyramide zur Nord-Süd-Distanz der Spitzen der Cheops- und der Chephren -Pyramide entspricht 1,618.
- Das rechtwinklige Dreieck, gebildet aus der Höhe der Cheops-Pyramide, der Länge einer ihrer vier geneigten Flächen (Hypotenuse) und der horizontalen Entfernung zwischen ihrer Spitze und der Seitenlänge, ergibt ein Verhältnis der Hypotenuse zur Breite von 1,618 – identisch zu jenem eines Kepler-Dreiecks.

DIE KÖNIGINNENPYRAMIDEN

Neben der Cheops-Pyramide stehen drei kleinere Pyramiden – vermutlich die Gräber seiner Mutter, Königin Hetepheres I., seiner Frau, Königin Meritites I., und seiner zweiten Frau (oder Tochter), Henutsen.[11] Wie unten zu sehen ist, entspricht das Verhältnis der Länge des Rechtecks um alle drei Pyramiden zur Länge des Rechtecks um jene von Meritites und Henutsen genau Φ.

Südlich der Mykerinos-Pyramide befinden sich ebenfalls drei Königinnenpyramiden. Ihre Umrisse sind zwar unregelmäßig, aber die Entfernungen zwischen den Ecken der südlichen Seiten weisen dasselbe Goldene Verhältnis auf wie jene bei den drei kleineren Pyramiden nahe der Cheops-Pyramide.

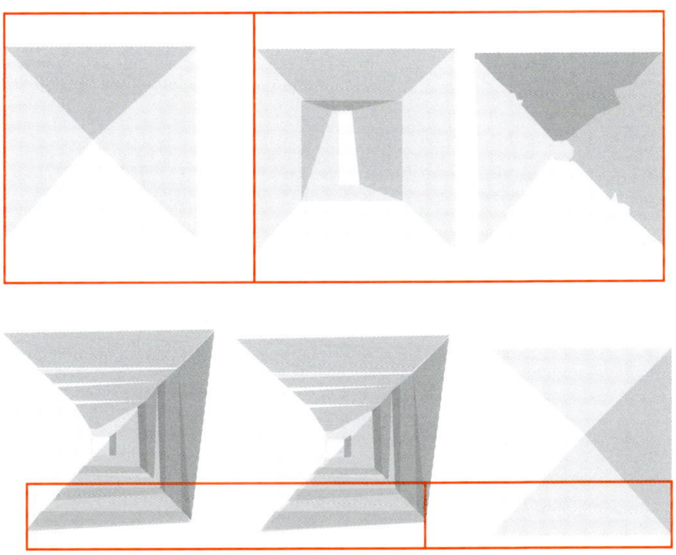

Oben: *Satellitenbilder der Königinnenpyramiden neben der Cheops-Pyramide zeigen ein Goldenes Verhältnis.*

Unten: *Die südlichen Seiten der Königinnenpyramiden nahe der Mykerinos-Pyramide weisen ebenfalls ein Goldenes Verhältnis auf.*

Rechts: *Dieses Gemälde aus dem Jahr 1904 des russischen Malers V. F. Uljanow (1878–1940) zeigt die majestätische Sphinx im Zwielicht.*

Unten: *Von oben weisen beide Körperseiten der Sphinx Goldene Proportionen auf.*

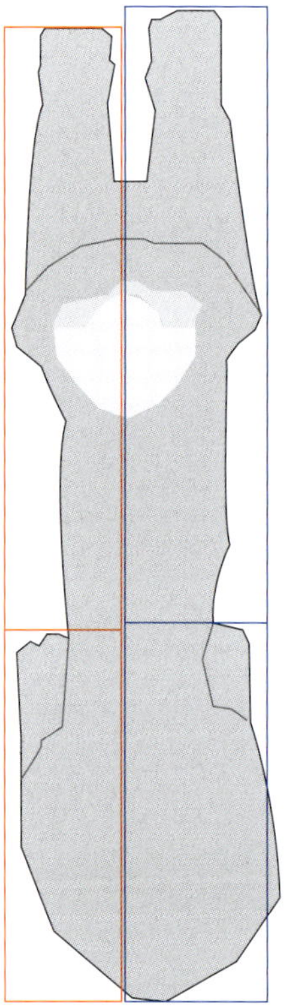

DIE GROSSE SPHINX

Auf dem Gelände von Gizeh befindet sich noch ein weiteres großes Monument, das hier ebenfalls Erwähnung finden soll: die Große Sphinx. Wenn wir mithilfe von Satellitenfotos das Verhältnis zwischen der Länge des Monumentes und jeweils der Distanz zwischen den Hinter- und Vorderbeinen auf beiden Seiten untersuchen, entdecken wir ebenfalls Goldene Verhältnisse.

Vieles über die Geschichte, den Entwurf und den Zweck des Baus der Pyramiden sowie die Mathematik dahinter ist noch unerforscht, aber eines ist klar: Viele der Schlüsselelemente weisen Übereinstimmungen mit dem Goldenen Schnitt auf. Ich hoffe, diese Analysen stellen einen Anreiz für weitere Forschungen dar. Bis heute ist etwa die Frage ungeklärt, warum die Baumeister der Antike diese Abmessungen für die großen Pyramiden wählten. Weil sie schöner waren und mehr der Natur entsprachen? Und wenn nicht, warum ist der Goldene Schnitt dann tatsächlich so oft bei den berühmtesten Monumenten der antiken Welt festzustellen?

PHIDIAS UND DER PARTHENON

Der antike griechische Bildhauer, Maler und Architekt Phidias lebte von etwa 480 bis 430 v. Chr. und verdient in der Geschichte des Goldenen Schnittes besondere Aufmerksamkeit, denn er regte den Gebrauch des griechischen Buchstabens Φ für die Zahl 1,618 an. Obwohl keines seiner Originalwerke erhalten ist, existieren zahlreiche Kopien. Zu seinen größten Werken zählt die Statue des Zeus im Tempel des Zeus in Olympia, eines der Sieben Weltwunder der Antike, er schuf außerdem die Statuen für den Parthenon, darunter jene der Göttin Athene – und es gibt überall Hinweise darauf, dass er den Goldenen Schnitt für seine Entwürfe verwendete. Während die Statuen von Zeus und Athene nicht erhalten sind, lebt sein Vermächtnis dennoch weiter – im griechischen Kanon und in den verbliebenen Strukturen der Akropolis in Athen, die als Monument des klassischen Griechenlands über der Stadt trohnt.

Der Parthenon in Athen, den die alten Griechen zwischen 447 und 438 v. Chr. erbauten, wird als eines der besten Architekturbeispiele, die nach dem Goldenen Schnitt erbaut wurden, angesehen. Natürlich gibt es auch hier diejenigen, die nicht dieser Meinung sind, da mehr als ein Jahrhundert zwischen der Fertigstellung des Parthenons und den ersten schriftlichen Hinweisen auf den Goldenen Schnitt in Euklids *Elementen* liegt.

Diese Zeichnung aus dem 19. Jahrhundert zeigt Phidias' aus massivem Gold und Elfenbein bestehende Statue des Zeus in Olympia. Diese zwölf Meter hohe und mit Bemalungen und Edelsteinen verzierte Statue [13] *ist eines der Sieben Weltwunder der Antike.*

DIE Φ-VERBINDUNG

Erst im frühen 20. Jahrhundert wurde der griechische Buchstabe Phi (Φ) zum ersten Mal verwendet, um den Goldenen Schnitt zu bezeichnen. Auf Seite 420 seines 1914 erschienenen mathematischen Referenzbuches *The Curves of Life* schrieb Sir Theodore Andrea Cook dem amerikanischen Mathematiker Mark Barr das Verdienst zu, das Symbol als Erster für 1,618 verwendet zu haben, „teilweise, weil es einen ähnlichen Klang für jene, die ständig mit Pi ringen, aufweist, und teilweise, weil es der erste Buchstabe des Namens Phidias ist, in dessen Skulpturen dieses Verhältnis vorherrschend ist, misst man die Abstände zwischen den hervorspringenden Punkten".[12] Einige Gelehrte sind wiederum der Meinung, dass die Verbindung mehr mit Fibonacci zu tun hat, da Phi das griechische Äquivalent zum Buchstaben F ist.

ΑΘΕΝΑΙΑ
PHIDIAS

Es gilt einige Schwierigkeiten zu bewältigen, wenn man definitiv bestimmen will, ob die Erbauer des Parthenons die Zahl 1,618 mit Absicht in die Konstruktion miteinbezogen:

- Der Parthenon weist mit 46 äußeren und 39 inneren Säulen, die in unterschiedlichen Abständen zueinander stehen, eine Vielzahl an Zahlen und Proportionen auf.
- Der Parthenon ist heute teilweise eingestürzt, weshalb man hinsichtlich seiner ursprünglichen Merkmale und Abmessungen teilweise Vermutungen anstellen muss.

Zwei der bekanntesten Darstellungen des Goldenen Schnittes befinden sich auf der kürzeren Seite des Gebäudes. Das Bild auf der folgenden Seite zeigt den Parthenon mit einem darübergelegten Goldenen Rechteck, in dem sich eine Goldene Spirale befindet. Dabei beginnt das Goldene Rechteck an der Unterseite der zweiten Stufe, um an der geschätzten Höhe der Spitze des Giebeldreiecks zu enden. Nimmt man diese Anpassung

Oben: *Hier zu sehen sind die Ruinen des Parthenons auf der Akropolis, hoch über der modernen Stadtlandschaft von Athen.*

Gegenüber: *Diese Statue des Pariser Bildhauers Aimé Millet aus dem Jahr 1887 zeigt Phidias und eine Miniaturnachbildung seiner berühmten Statue* Athena Parthenos, *die einst im Parthenon stand.*

Ganz oben: *Das Gemälde* Blick in Griechenlands Blüte *(1836) des deutschen Malers August Ahlborn zeigt den Bau des Parthenon.*

Oben: *Auf diesem Gemälde des holländisch-britischen Malers Sir Lawrence Alma-Tadema aus dem Jahre 1868 zeigt Phidias (Mitte) seinen Freunden den Parthenon-Fries.*

vor, liegen die Enden der Säulen und die untere Dachlinie im Verhältnis zur Höhe des Parthenons ziemlich genau im Goldenen Schnitt. Dies ist allerdings nicht der überzeugendste Beweis dafür, dass die alten Griechen den Goldenen Schnitt bei der Konstruktion dieses Kulttempels verwendeten.

Legt man die Rasterlinien über das Dach des Baus, offenbaren sich weitere interessante Proportionen. Betrachtet man das Fries und das eingebettete Muster aus Metopen und Triglyphen aus der Nähe, erkennt man, dass die horizontale Teilungslinie oberhalb der Muster im Goldenen Schnitt in Bezug auf die Höhe des Frieses liegt. Man erkennt außerdem Goldene Rechtecke, die die Metopen umschließen, und ein weiteres Goldenes Verhältnis zwischen der Breite der Triglyphen und jener der Metopen.

Bei den Ruinen des fast 2500 Jahre alten Parthenon sind zahlreiche Goldene Verhältnisse zu erkennen.

Diese Detailansicht der farbigen Reproduktion des Parthenon-Frieses des Malers Gottfried Semper zeigt das Goldene Verhältnis der Breiten der Metopen und Triglyphen besonders gut.

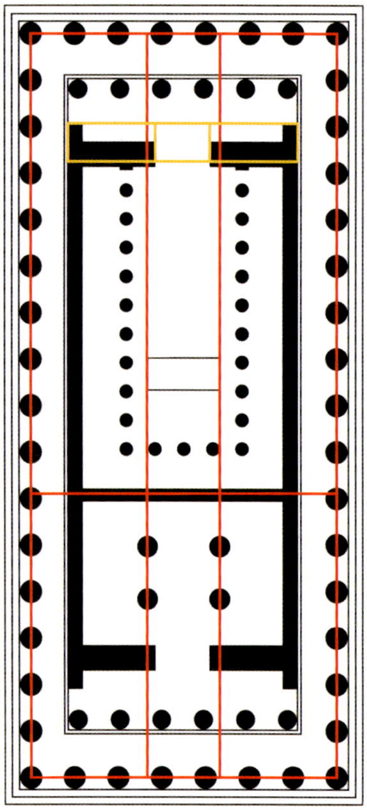

Auch der Grundriss des Parthenons weist Goldene Proportionen auf.

Untersuchen wir schlussendlich noch den Grundriss des Parthenon, der acht Säulen auf der kürzeren Seite und siebzehn auf der längeren Seite aufweist. Innerhalb des Säulenumganges befinden sich auf der kürzeren Seite jeweils sechs Säulen und schließlich je ein Eingang zu den inneren Kammern. Hier ist Folgendes erkennbar:

- Die Wand zwischen der östlichen und der westlichen Kammer liegt genau auf dem Goldenen Schnitt des Rechtecks, das sich ergäbe, verbände man die Mittelpunkte der äußeren Säulen.
- Die Mittelpunkte der vier Säulen in der westlichen Kammer und der Sockel der Statue der Athena befinden sich auf den zwei Goldenen Schnitten der Entfernung zwischen den Mittelpunkten der nördlichen und südlichen äußeren Säulen.
- Die Eingänge zu den beiden inneren Kammern befinden sich im Goldenen Schnitt der Entfernungen zwischen der nördlichen und der südlichen Wand der beiden inneren Kammern.

Mehr als 400 Jahre nach dem Bau des Parthenons legte der römische Architekt Vitruv (siehe Seite 70) in seinem berühmten Buch *De Architectura* (ca. 20 v. Chr.) den von ihm als perfekt erachteten Grundriss eines griechischen Hauses dar. In Anbetracht des häufigen Auftretens Goldener Verhältnisse scheint es wahrscheinlich, dass er sich der Verwendung des Goldenen Schnittes durch die alten Griechen in Kunst und Architektur durchaus bewusst war.

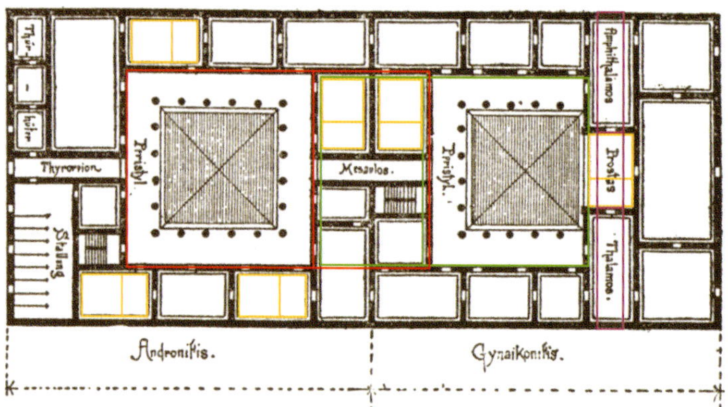

In dieser Darstellung des Grundrisses eines idealen griechischen Hauses aus Vitruvs De Architectura *finden sich zahlreiche Goldene Rechtecke und andere auf Phi beruhenden Abmessungen und Verhältnisse.*

GOLDENE KATHEDRALEN

Als sich das Christentum in Europa verbreitete, waren die Ehrfurcht gebietenden Kathedralen äußerer Ausdruck der Ehrerbietung für Gottes Ruhm und viele Jahrhunderte lang Mittelpunkte des Gemeindelebens. Sie waren außerdem ein Ventil für die kreative Energie der mittelalterlichen europäischen Gesellschaft. Der große finanzielle, technische, künstlerische und menschliche Aufwand verlangte eine kollektive Anstrengung, die man mit großem Ehrgeiz und Enthusiasmus unternahm: Der Bau dauerte oft mehr als ein Jahrhundert und regte weitere Generationen an, ein Teil von etwas zu sein, das größer ist als sie selbst.

Die Nord-Rosette der Kathedrale Notre-Dame in Paris, Frankreich, weist göttliche Proportionen auf.

Der Bau einer der schönsten Kathedralen der Welt wurde 1163 in Paris unter der Leitung von Bischof Maurice de Sully begonnen. Er starb 1196, aber erst 1225 wurde die Westfassade fertiggestellt, und es sollte ein weiteres Jahrhundert dauern, bis die gesamte Kathedrale fertiggestellt wurde – beinahe 800 Jahre später ist sie eine der beliebtesten Touristenattraktionen von Paris: die Kathedrale Notre-Dame. Interessanterweise weisen sowohl die Westfassade als auch die nach Norden gerichtete gotische Rosette aus buntem Glas Goldene Verhältnisse auf.

Kurz nach dem Beginn des Baus von Notre-Dame in Paris gab man in Chartres, etwa 80 Kilometer südwestlich von Paris, eine weitere Kathedrale in Auftrag. Sie wurde 1220 fertiggestellt und wie bei Notre-Dame finden sich auch hier Goldene Verhältnisse in der gesamten Struktur des Baus. Tatsächlich taucht der Goldene Schnitt bei zahlreichen Kathedralen in ganz Europa auf.

Gegenüber: *An der Westfassade von Notre-Dame finden sich viele auf Phi beruhende Proportionen.*

Links: *Die Fenster der Westfassade der Kathedrale Notre-Dame in Chartres weisen ebenfalls Goldene Verhältnisse auf, wie man auf diesen Ausschnitten einer detaillierten Architekturzeichnung der Kathedrale aus dem Jahr 1867 erkennen kann.*

Folgende Seiten, links: *Die atemberaubende nach Norden gerichtete Rosette des Querschiffs der Kathedrale in Chartres entstand ca. 1235.*

Folgende Seites, rechts: *Ansicht der Südfassade der Kathedrale über Chartres.*

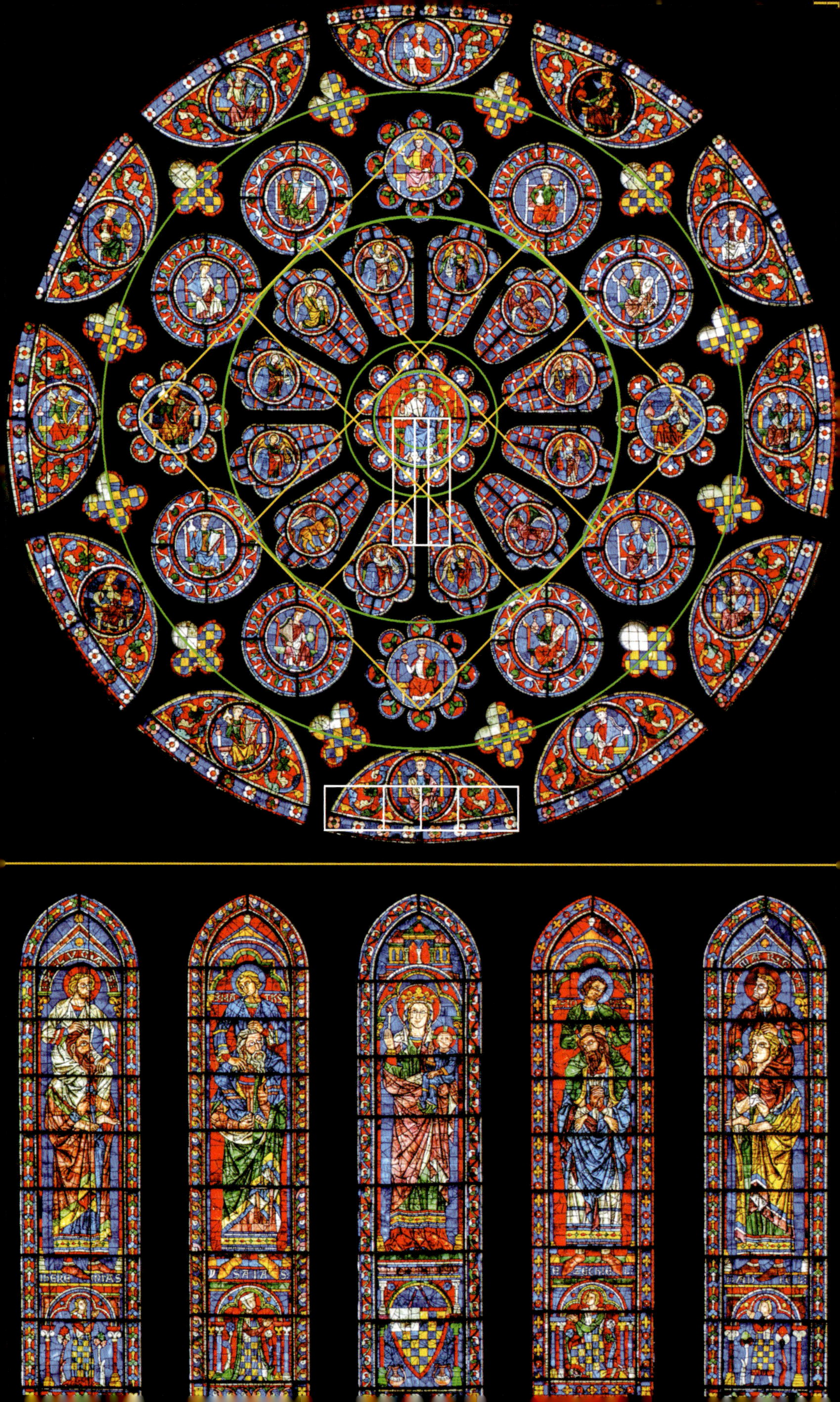

IERE MIAS
SAIAS

Oben: *Diese kolorierte Monographie eines Teiles des Fensters des südlichen Querschiffes lässt wenig Zweifel daran aufkommen, dass Phi in den Entwürfen der Kathedrale von Chartres berücksichtigt wurde.*

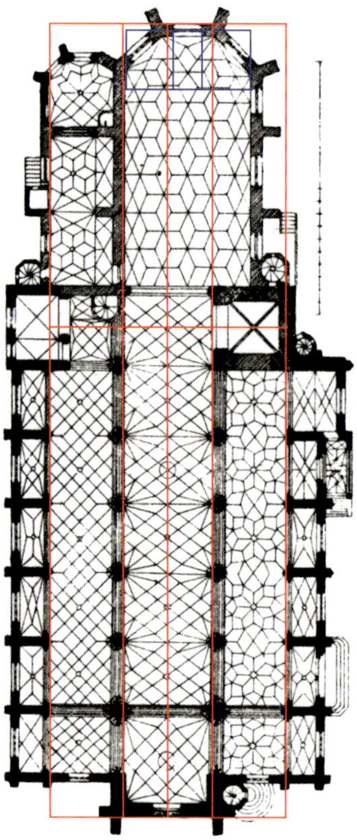

Rechts: *Der Grundriss der Stiftskirche Stuttgart, Deutschland, die über eine Zeitspanne von 300 Jahren zwischen 1240 und 1547 errichtet wurde, hier zu sehen auf einer Zeichnung aus dem späten 19. Jahrhundert, weist einige auf Phi beruhende Abmessungen auf.*

Ganz rechts: *Die Westfassade des romanisch-gotischen Limburger Doms in Hessen, Deutschland.*

1296 begann man mit dem Bau eines weiteren weltberühmten Wunders der Architektur: der Cattedrale di Santa Maria del Fiore in Florenz, Italien. Der toskanische Architekt Arnolfo di Cambio gewann den Architekturwettbewerb mit seinem Entwurf mit drei Schiffen und einer achtseitigen Kuppel. Nach seinem Tod wurden die Arbeiten unter mehreren Architekten weitergeführt, darunter Francesco Talenti, der in den 1350er-Jahren die Schiffe verlängerte, um die Kathedrale zur größten Europas zu machen. Er stellte außerdem 1359 den fast 91 Meter hohen Glockenturm in der Nähe des Haupteingangs der Basilika fertig.[14]

Die berühmte Kuppel wurde zuletzt fertiggestellt. 1418 schrieb die mächtige Familie Medici einen Wettbewerb für den Entwurf aus, woraufhin der Goldschmiedemeister Filippo Brunelleschi den Auftrag erhielt. 1436 war die Kuppel endlich fertig – ein technisches Wunder. Sie beginnt in einer Höhe von 52 Metern über dem Boden, hat ein Spannweite von 44 Metern und hat mit der krönenden Laterne eine Gesamthöhe von 114,5 Metern.[15] Die Spannweite und die Höhe der Kuppel erwiesen sich als zu groß für die hölzerne Stützkonstruktion, daher entwickelte Brunelleschi eine ausgeklügelte Bautechnik, um den Bau möglich zu machen – nicht zu vergessen die schier unglaubliche Anzahl von mehr als vier Millionen Ziegeln. Aber die Anstrengung war es wert, sie ist noch heute die größte Ziegelkuppel der Welt. Und dazu weist der wundervolle Bau auch noch Goldene Proportionen auf.

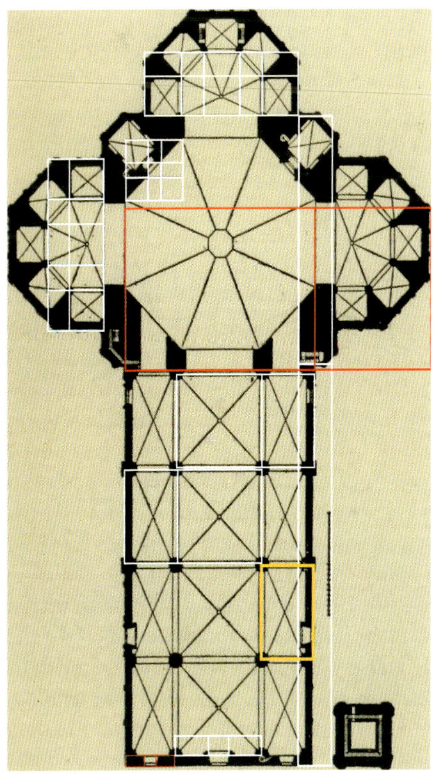

Ganz links: *Abgesehen davon, dass sie ein Meisterwerk der Baukunst ist, weist Brunelleschis berühmte achtseitige Kuppel Goldene Proportionen auf.*

Links: *Man erkennt den Goldenen Schnitt bei vielen Elementen des finalen Grundrisses des Doms.*

Folgende Seiten: *Viele architektonische Elemente des gigantischen Florentiner Doms Santa Maria del Fiore basieren in ihren Abmessungen auf Phi.*

DER TAJ MAHAL

Fast 6.437 Kilometer von Griechenland entfernt und fast 2000 Jahre später treffen wir auf den Taj Mahal. Der Großmogul Shah Jahan gab dieses Monument als Grabmal für seine Lieblingsfrau Mumtaz Mahal, die 1631 im Kindbett gestorben war, in Auftrag. Nach nur zwölf Jahren war das wunderschöne Mausoleum bereits fast vollendet; vollständig abgeschlossen wurde der Bau zehn Jahre später.

Auf diesen Miniaturen aus Udaipur, Indien, die auf Kamelknochen gemalt und mit Einlegearbeiten aus Halbedelsteinen versehen wurden, sind Mumtaz Mahal (geboren als Arjumand Banu Begum, 1593–1631) und ihr Ehemann, Shah Jahan (1592–1666), zu sehen.

Der Taj Mahal befindet sich in Agra im Norden Indiens und gilt als eines der schönsten architektonischen Kunstwerke weltweit. Der persische Architekt Ustad Ahmad Lahauri leitete den Bau, an dem etwa 20.000 Künstler und Arbeiter beteiligt waren. Nachweise dafür, dass der Goldene Schnitt ein fundamentaler Aspekt des Entwurfes war, finden sich etwa im Verhältnis der Breite des mittleren Torbogens zur Breite des Gebäudes.

Der Goldene Schnitt ist auch im Zusammenhang mit der Breite und Lage der Bogenfenster des rechteckigen Gebäudes rund um den mittleren Torbogen erkennbar. Es treten zahlreiche weitere Goldene Proportionen auf, darunter beim Verhältnis der Höhe zur Breite des mittleren Bauteils und bei den Türme auf beiden Seiten.

Das monumentale Mausoleum Taj Mahal aus Elfenbein und Marmor weist ganz deutlich Goldene Proportionen auf.

SEURAT UND DER GOLDENE SCHNITT

Der französische Maler Georges Seurat (1859–1891) war der erste Vertreter der neo-impressionistischen Bewegung im späten 19. Jahrhundert. Sein unverkennbarer Pointillismus ist besonders gut erkennbar in *Ein Sonntagnachmittag auf der Insel La Grande Jatte*, das er zwischen 1884 und 1886 malte. Es wissen jedoch nur wenige, dass auch Seurat den Goldenen Schnitt in vielen seiner Werke verwendete.

Laut dem rumänischen Universalgelehrten Matila Ghyka, der über Geometrie in Kunst und Natur schrieb, „attackierte Seurat jede Leinwand mit dem Goldenen Schnitt".[16] Eine interessante Aussage, nicht wahr? Einige Wissenschaftler bestehen darauf, dass Ghykas Behauptung nicht haltbar sei, es gibt jedoch tatsächlich einige Beweise, die dafür sprechen.

Ich untersuchte Seurats Werke und stellte bei etwa einem Viertel aller Werke fest, dass er seine Gemälde auf Leinwänden oder Paneelen mit Goldenen Proportionen malte, und zwar sowohl Hoch- als auch Querformate. Das ist jedoch nicht der einzige „Zufall". Weitere Analysen belegen, dass die Proportionen und die Abstände vieler Schlüsselelemente zueinander bei etwa einem Drittel der Gemälde den Goldenen Schnitt widerspiegeln.

Oben: Fotografisches Porträt von Seurat (1859–1891) aus dem Jahr 1888. In seiner Kunst verband er Impressionismus mit mathematischer Präzision.

Rechts: *Die Badenden in Asnières*, 1884.

Unten: Verschiedene Gemälde Seurats auf Paneelen mit Goldenen Proportionen.

Oben: Der Leuchtturm von Honfleur, *1886.*

Oben: *Studie zu* Ein Sonntagnachmittag auf der Insel La Grande Jatte, *1884.*

Gegenüber, oben: Bauer mit Harke, *ca. 1882.*

Gegenüber, unten: Die Erdarbeiter, *ca. 1883.*

Links: Frau mit Sonnenschirm *(1884) ist eines von mehreren Gemälden auf einer hochformatigen Leinwand mit den Maßen eines Goldenen Rechtecks (siehe auch oben), das Goldene Proportionen aufweist.*

Oben: Brücke von Courbevoie, *1886–1887*.

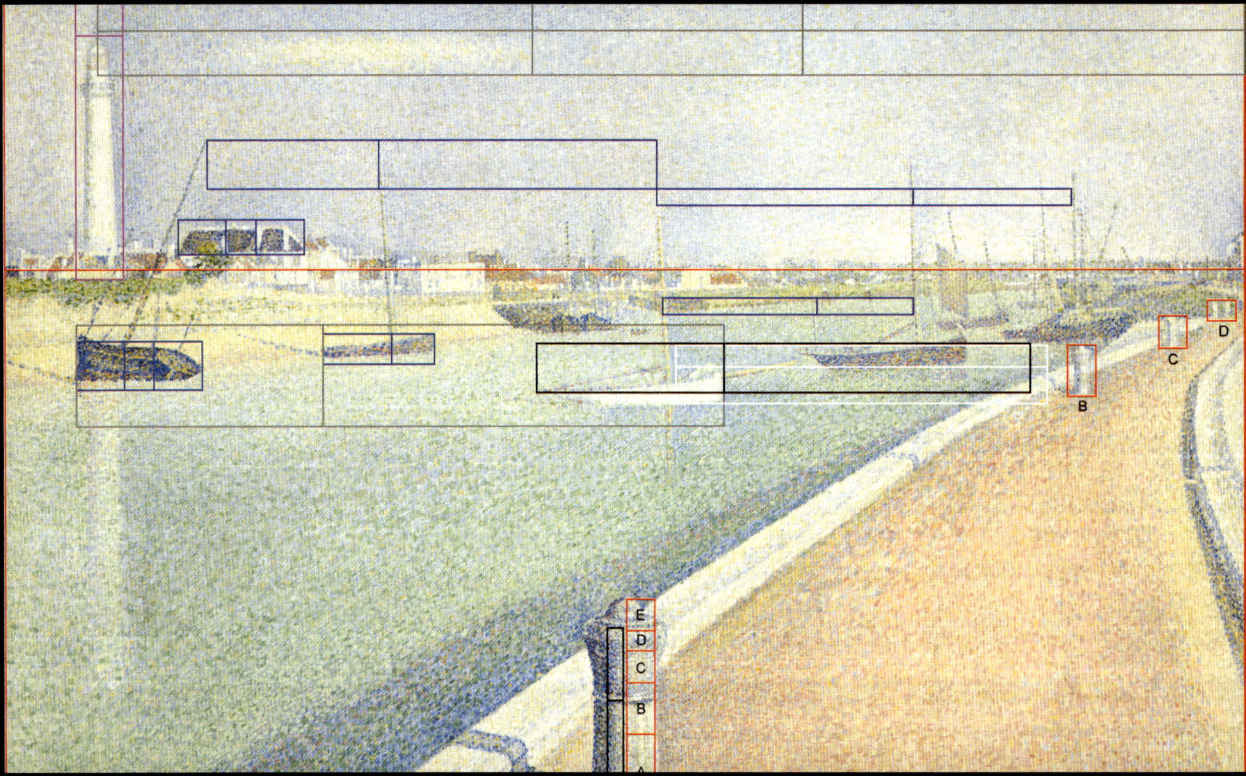

Oben: Der Kanal von Petit Fort Philippe, *1890*.

In Seurats Gemälde *Die Seine bei La Grande Jatte* aus dem Jahr 1888 (unten) erkennt man eine Vielzahl von ganz eindeutigen Anwendungen des Goldenen Schnittes:

- Das Segelboot ist exakt auf dem vertikalen Goldenen Schnitt des über das ganze Bild gelegten Rasters positioniert.
- Die Uferlinie am unteren Bildrand geht genau am Goldenen Schnitt ins Wasser über.
- Ein Goldenes Rechteck um das Gebäude am Strand zeigt, dass dieses im Goldenen Schnitt unterteilt ist.
- Die Höhe und die Breite des kleinen Segels stehen im Goldenen Verhältnis zur Höhe und Breite des großen Segels.
- Der Ruderer befindet sich genau im Goldenen Schnitt zwischen der Unterseite des Segelbootes und dem unteren Bildrand.

Dieses und weitere Beispiele auf den Seiten 114–118 zeigen, dass Seurat vielleicht nicht jede Leinwand mit dem Goldenen Schnitt „attackierte", aber er scheint ihn in seinen Werken doch großzügig angewendet zu haben.

LE CORBUSIER – DER MODULOR

Diese Ikone der Architektur, bekannt unter dem Namen Le Corbusier, wurde 1887 in der Schweiz als Charles-Édouard Jeanneret als Sohn eines Handwerkers, der Uhren emaillierte und häufig Wanderungen in den Bergen des Jura unternahm, geboren. So entwickelte auch Jeanneret eine Liebe sowohl zur Natur als auch zur bildenden Kunst und brachte sich selbst mithilfe der Bücher in der örtlichen Bücherei die Grundlagen der Architektur und der Philosophie bei. In seinen frühen Zwanzigern nahm er, dem Beispiel anderer Künstler dieser Zeit folgend, das Pseudonym Le Corbusier an. Jahre später, in seinen Fünfzigern, entwickelte er das Proportionssystem *Modulor*, das auf dem Goldenen Schnitt und dem menschlichen Körper beruht. Dieses System, mit dem er versuchte, das metrische und das anglo-amerikanische Maßsystem zu vereinen, war als universales Standard-Maßsystem, das Ingenieure, Architekten und Designer verwenden sollten, um sowohl praktische als auch schöne Formen zu kreieren, gedacht. Er verdeutlichte diese „harmonischen Maße" mithilfe der abstrakten Gestalt eines 1,83 Meter großen Mannes, dessen erhobener Arm auf der Höhe seines Scheitels leicht abgewinkelt ist, der wiederum passenderweise genau auf dem Goldenen Schnitt zwischen Nabel und Fingerspitzen liegt. Der australische Architekturprofessor Michael J. Ostwald beschreibt dies folgendermaßen:

> *„Laut Le Corbusier brauchte die Industrie ein System proportionaler Maßeinheiten, die die Bedürfnisse des menschlichen Körpers mit der im Goldenen Schnitt inhärenten Schönheit vereinen. Könnte man so ein System entwickeln, das den Goldenen Schnitt proportional zur Größe eines Menschen wiedergibt, würde dies eine ideale Grundlage für eine universelle Vereinheitlichung darstellen."*[17]

Bei dem Versuch, die mathematischen Proportionen des menschlichen Körpers zu verwenden, um das Erscheinungsbild und die Funktion von Architektur zu verbessern, trat Le Corbusier in die Fußstapfen von Vitruv, da Vinci, Pacioli und der Meister der Renaissance, die die Mathematik und die Natur studierten, um ihre künstlerischen Meisterwerke mit göttlichen Eigenschaften zu versehen.

Nach der Niederschrift Mitte der 1940er-Jahre wandte Le Corbusier sein neues System bei mehreren Gebäuden an, darunter die folgenden:

- Hauptquartier der Vereinten Nationen in New York, NY (fertiggestellt 1952)
- mehrere modernistische Wohnhausanlagen in ganz Europa, beginnend mit der Cité radieuse (Strahlende Stadt) in Marseille, Frankreich (fertiggestellt 1953)
- Kloster Sainte Marie de la Tourette nahe Lyon, Frankreich (fertiggestellt 1961)

Wenden wir uns nun einem der bekanntesten Beispiele von Le Corbusiers Modulor und seiner Anwendung des Goldenen Schnittes zu. 1947 taten sich der brasilianische Architekt Oscar Niemeyer und Le Corbusier für den Entwurf des UNO-Hauptquartiers in New York zusammen – eines 154 Meter hohen Turms, den man Sekretariatshochhaus nennt.[18] Zu dieser Zeit entwickelte Le Corbusier gerade den Modulor, und Niemeyer, eine weitere Größe der modernen Architektur, war durch den Schweizer Künstler, Designer und Stadt-

Oben: *Diese Steingravur des Modulor von Le Corbusier ziert die Fassade des Corbusierhauses.*

Links: *Verschiedene architektonische Elemente Le Corbusiers Wohnhausanlage Unité d'Habitation in Berlin (heute bekannt als Corbusierhaus) aus dem Jahr 1958 weisen Goldene Proportionen auf, darunter die Fenster, die Höhe der Stockwerke und die Breite der Balkone.*

Der Modulor von Le Corbusier ist die Grundlage für den Entwurf des Sekretariatsgebäudes der UNO, wie hier rechts zu sehen ist.

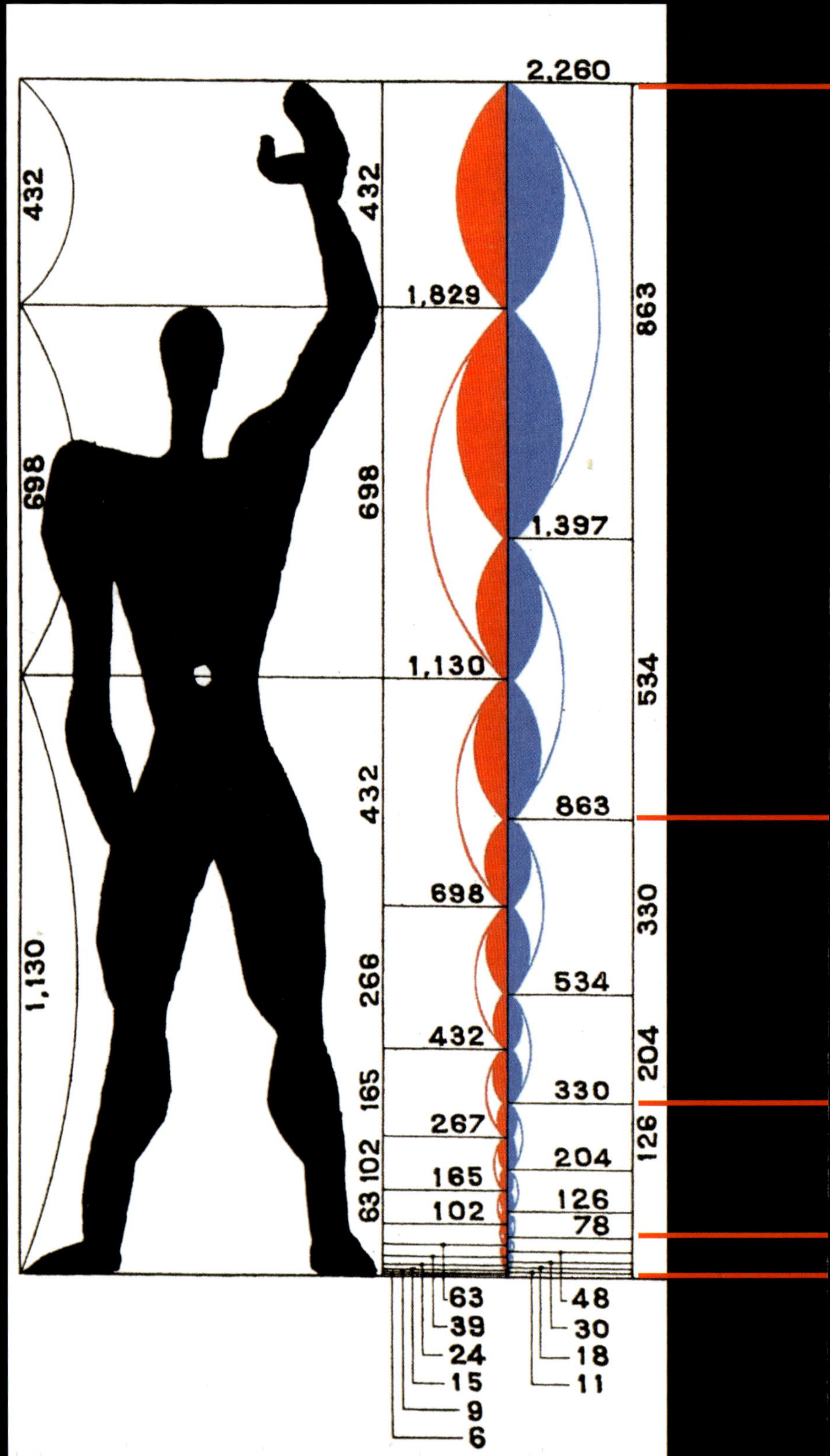

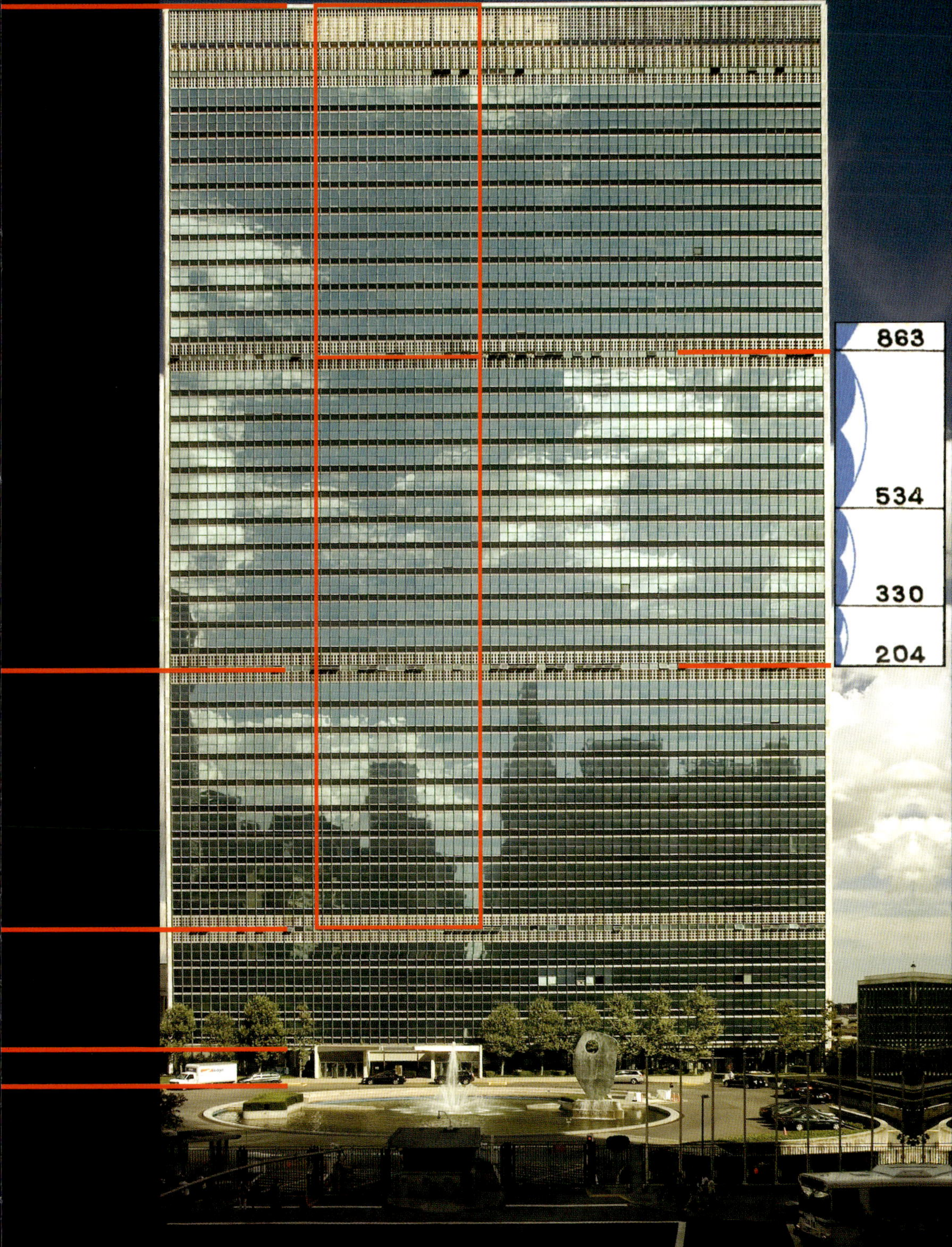
863
534
330
204

planer stark beeinflusst. Der Architekt Richard Padovan beschreibt in *Proportion: Science, Philosophy, Architecture (Proportion: Wissenschaft, Philosophie, Architektur)*:

> *„Le Corbusier stellte ein System von Harmonie und Proportion in den Mittelpunkt der Philosophie seiner Entwürfe, und sein Glaube an die mathematische Ordnung des Universums war eng verbunden mit dem Goldenen Schnitt und der Fibonacci-Folge, die er beschrieb als: ‚ins Auge springender Rhythmus und klar in den Beziehungen untereinander: Und diese Rhythmen sind die wahre Wurzel der menschlichen Handlungen. Sie widerhallen im Menschen durch eine organische Unausweichlichkeit, dieselbe erlesene Unausweichlichkeit, die das Zeichnen des Goldenen Schnittes durch Kinder, Alte, Wilde und Gelehrte bedingt.'"*[19]

Für die UNO entwarf Le Corbusier ein großes, zentrales Gebäude für alle Sekretariate. Der Entwurf des Hauptgebäudes, bekannt als Projekt 23A, bestand aus drei übereinandergestapelten Goldenen Rechtecken, Niemeyers Projekt 32 stellte ein hohes, etwas breiteres zentrales Gebäude mit den Abmessungen eines Goldenen Rechtecks in den Mittelpunkt. Der endgültige Entwurf kombinierte Elemente aus den Skizzen Niemeyers und Le Corbusiers, als Grundlage für den Entwurf verwendete man aber Corbusiers übereinandergestapelte Goldene Rechtecke.

Auf den ersten Blick könnte man aufgrund der vier auffallenden Bänder an der Fassade glauben, dass die 39 Stockwerke gleichmäßig auf drei Rechtecke aufgeteilt sind, doch bei genauerer Betrachtung erkennt man, dass ihre Maße leicht variieren. Das erste Rechteck ist nur neun Stockwerke hoch, das zweite zehn und das dritte elf. Während die Breite des Gebäudes immer gleich ist (87 Meter), variiert die Höhe von 154 bis 168 Meter[20], abhängig von der Bodenerhebung, also ob man sich auf Straßenniveau an der Vorderseite des Gebäudes oder auf dem Strand an der Hinterseite befindet.

Wäre das Gebäude ein perfektes Goldenes Rechteck, wie Niemeyer es vorgeschlagen hatte, wäre es nur 141 Meter hoch, was einer Abweichung von 0,5 Prozent von der wirklichen Höhe entspricht. Ein Gebäude, das aus drei übereinandergestapelten Goldenen Rechtecken mit einer Länge von je 87 Meter bestünde, würde eine Höhe von 162 Meter erreichen. Die Durchschnittshöhe des Gebäudes beträgt tatsächlich 160,7 Meter – 0,9 Prozent weniger als ein perfekter Stapel aus drei Goldenen Rechtecken. Das ist eine kleine Diskrepanz, doch abgesehen von der ungleichen Bodenhöhe des Geländes an Straße und am Fluss, wo das Gebäude steht, gibt es noch weitere Erklärungen dafür:

Le Corbusiers UNO-Hauptgebäude überblickt den East River von New York City.

1. Der Goldene Schnitt ist eine irrationale Zahl und in ganzen Zahlen nicht ausdrückbar, während Architekten mit einer Vielzahl an Zwängen der realen Welt konfrontiert sind, die auf ganzen Zahlen beruhen, etwa der Anzahl der Stockwerke oder der Fenster.
2. Die standardisierten Maße von Baumaterial wie Gipskarton und Rahmenkomponenten unterliegen zahlreichen Bauvorschriften.
3. Es gibt bautechnische Einschränkungen bei der Errichtung eines 152 Meter hohen Gebäudes, die Vorrang vor künstlerischen Design-Elementen haben.

Und doch: Legt man Rasterlinien über das auf Le Corbusiers Modulor basierende Gebäude, was eine Multiplikation jedes Maßes mit 1,618 bedingt, tritt ein sehr aufschlussreiches Muster zutage, wie gegenüber zu sehen ist. Auch wenn man Rasterlinien im Goldenen Schnitt darüberlegt, sieht man, dass einige der Schlüsselelemente sehr wohl Goldene Proportionen aufweisen. Beide Male zeigt sich die Präsenz des Goldenen Schnittes im Gesamtentwurf.

Der Fokus auf das Detail und die konsequente Anwendung der Gestaltungsprinzipien präsentieren sich den Besuchern auch beim Betreten des UNO-Gebäudes. Der Haupteingang etwa weist folgende Goldene Proportionen auf:

- Die Säulen auf jeder Seite des Haupteinganges stehen im Goldenen Schnitt in Bezug auf die Entfernung vom Mittelpunkt des Eingangs zu den Seiten.
- Die transparenten Eingänge rechts und links des mittleren Eingangsbereiches sind Goldene Rechtecke.
- Die Türen rechts und links des Haupteinganges sind Goldene Rechtecke.
- Verbände man die mittleren raumhohen Fenstern und die Eingänge auf jeder Seite zu einem Rechteck, wären es Goldene Rechtecke.

Die Fenster innerhalb der horizontalen Bänder an der Fassade des Gebäudes sind ebenfalls Goldene Rechtecke, und die Bänder selbst sind an zwei Goldenen Schnitten geteilt, um die Fenster in ihrer Mitte einzurahmen!

Wie aus der komplexen Einbettung des Goldenen Schnittes in seinen Modulor-Entwurfsplänen ersichtlich ist, geht Le Corbusiers Leidenschaft für den Goldenen Schnitt und seine Vision weiter, als nur dahin, ein Gebäude in der Form eines Goldenen Rechtecks zu entwerfen. Kein Detail wurde übersehen, und es wird mit jeder Enthüllung neuer Goldener Verhältnisse leichter, die komplexe Schönheit seiner Schöpfung wertzuschätzen. Wie schon die Beispiele von Leonardo, Michelangelo, Raffael und deren Nachfolger zeigten, macht das die „feinfühlige, subtile und bewundernswerte Lehre" und die „sehr geheime Wissenschaft" aus, von der Pacioli schrieb. Die Verwendung des Goldenen Schnittes, die schon bei den großen Meisterwerken in Kunst und Design visuelle Harmonie schaffen sollte, ist also auch in unserer modernen Welt noch relevant.

Gegenüber: *Farbige Raster zeigen die verschiedenen Goldenen Schnitte am UNO-Sekretariatsgebäudes.*

BILDAUSSCHNITT UND -KOMPOSITION: DIE DRITTEL-REGEL

Sollten Sie sich mit Fotografie beschäftigen oder sich die Raster auf Ihrem Smartphone oder Ihrer Digitalkamera schon einmal genauer angesehen haben, kennen Sie wahrscheinlich die Drittel-Regel. Diese Regel kennt man bereits seit dem späten 18. Jahrhundert: John Thomas Smith schlug sie 1797 in seinem Buch *Remarks on Rural Scenery* als Grundlage für die Komposition eines Gemäldes vor. Diese Regel beruht auf der vertikalen und horizontalen Teilung eines Bildes in Drittel, wodurch neun gleich große Felder entstehen. Wichtige kompositorische Elemente wie der Horizont oder Menschen werden dann entlang dieser Linien oder in der Nähe ihrer Schnittpunkte platziert. Viele Künstler und Fotografen sind der Ansicht, dass man so größeres Interesse und visuelle Anziehungskraft erreicht, als wenn man die Objekte einfach in der Mitte eines Bildes platzieren würde.

Die Drittel-Regel ist leicht zu verstehen und anzuwenden, allerdings stellt sie nur eine ungefähre Annäherung an den Goldenen Schnitt dar, der in den großen Meisterwerken in Kunst und Design im Laufe der Geschichte angewandt wurde. Verwendet man die Drittel-Regel, liegen die Schnittpunkte bei $1/3$ und $2/3$ (0,333 und 0,667), während die Schnittpunkte im Goldenen Schnitt bei $1/\Phi^2$ und $1/\Phi$ (0,382 und 0,618) liegen. Variationen dieses Basisrasters des Goldenen Schnittes liefern den Goldenen Schnitt des Goldenen Schnittes sowie andere Darstellungen von Phi, darunter die Goldene Spirale und die Goldenen Diagonalen.

Betrachten Sie die Bilder auf der gegenüberliegenden Seite, um den Unterschied zwischen den beiden Methoden zu verstehen. Das Bild oben ist nach dem Goldenen Schnitt unterteilt, das Bild unten nach der Drittel-Regel.

Obwohl die Drittel-Regel ohne Zweifel nützlich ist, sind ihr hinsichtlich des künstlerischen Ausdrucks Grenzen gesetzt. Der Goldene Schnitt hingegen erlaubt es, den Raster kreativ zu vergrößern und zu positionieren, um immer neue Varianten einer einzigen Komposition zu schaffen. Das ist dieselbe Technik, die schon Leonardo da Vinci, Georges Seurat, Le Corbusier und andere Meister der Kunst und des Designs in den letzten 500 Jahren anwandten.

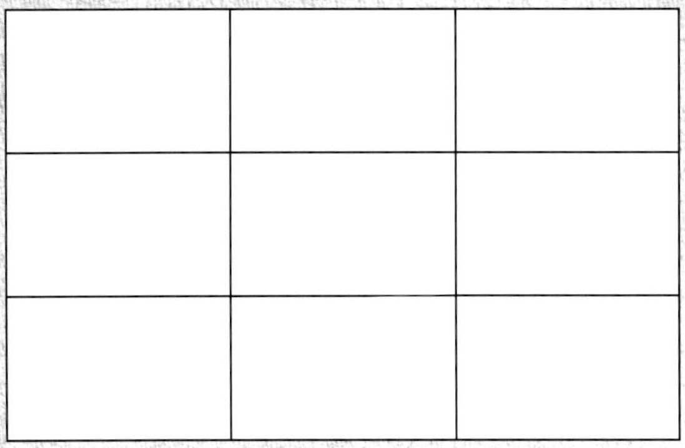

Raster nach der Drittel-Regel..

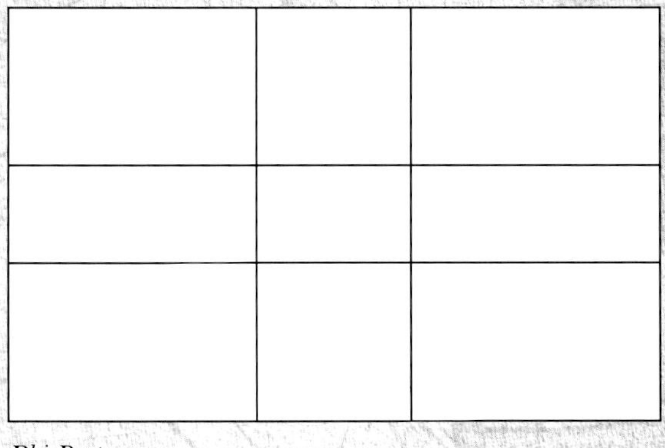

Phi-Raster.

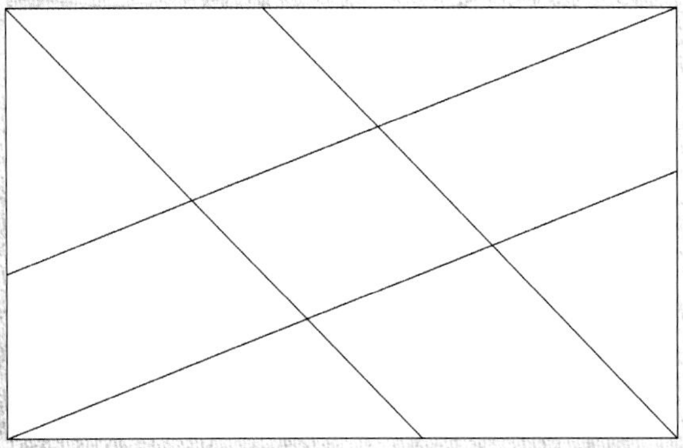

Diagonaler PhiMatrix-Raster.

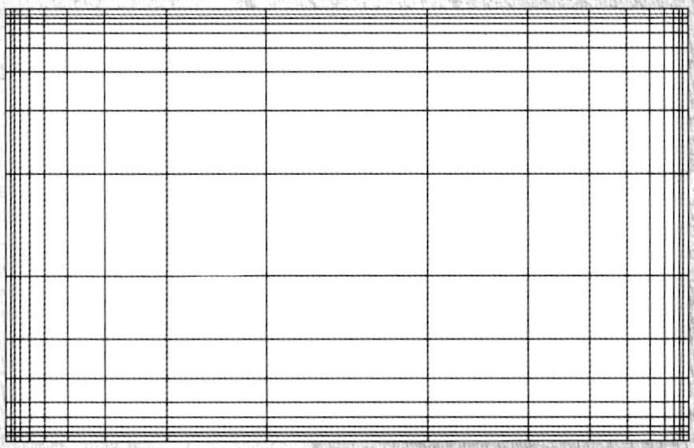

Symmetrischer PhiMatrix-Raster.

Oben: *Ein Beispiel für einen Bildausschnitt basierend auf dem Goldenen Schnitt.*

Oben: *Ein Beispiel für einen Bildausschnitt basierend auf der Drittel-Regel.*

LOGO- UND PRODUKTDESIGN

Außer in der Kunst, der Architektur und im graphischen Design taucht der Goldene Schnitt auch bei zahlreichen Produktdesigns auf – und sorgt für eine bessere Vermarktung. Zum Beispiel weisen viele Saiteninstrumente Goldene Verhältnisse auf, etwa Stradivari-Violinen, die im 17. und 18. Jahrhundert von der italienischen Familie Stradivari entwickelt wurden. Bekannt für ihre Perfektion im Hinblick auf Material, Konstruktion und Klangqualität, bringen diese Violinen bei Auktionen Millionenbeträge ein.

In anderen Fällen verbessert der Goldene Schnitt Stil und Ästhetik. Firmen investieren Millionen in ihre Marken und das Design ihrer Logos in dem Bewusstsein, dass sie die Herzen vieler potentieller Kunden in Sekundenschnelle gewinnen müssen. Sie stellen sich derart schützend vor ihre mächtigen, ikonischen Symbole, dass es mir hier nicht möglich ist, alle Beispiele des Goldenen Schnittes, die im Design von Logos aufscheinen, visuell darzustellen. Doch ich kann Ihnen verraten, wo Sie selbst nachsehen können.

Der Tech-Riese Google zog die Aufmerksamkeit der Design-Welt auf sich, als er 2015 verkündete, ein umfassendes Redesign von Logos, Schriften und anderen Markensymbolen durchzuführen. Was er aber schlauerweise beibehielt und sogar verbesserte, war die Verwendung von Phi für die Maße und Abstände der Buchstaben. Zum Beispiel ist das Verhältnis der Höhe des Großbuchstaben ***G*** und des Kleinbuchstaben ***l*** zur Höhe der anderen Kleinbuchstaben (mit Ausnahme des kleinen Ausläufers des ***G***) gleich Φ. Das Verhältnis der Breite des Großbuchstaben ***G*** zu der des Kleinbuchstaben ***G*** ist auch golden, ebenso die Position des

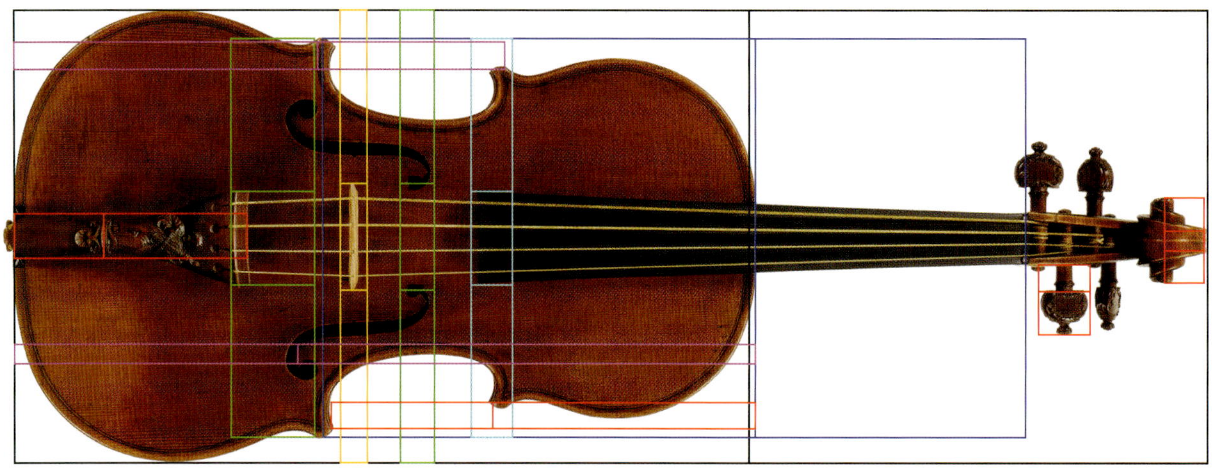

Bei der von Antonio Stradivari 1721 gebauten Geige „Lady Blunt" sind Goldene Verhältnisse im Überfluss vorhanden. 2011 erzielte sie bei einer Versteigerung den Rekordpreis von 15,9 Millionen Dollar.

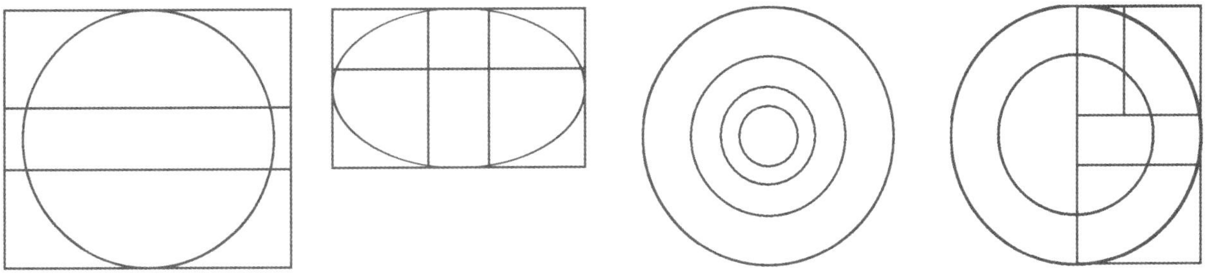

Suchfeldes in Relation zur Oberkante des Logos und der Unterkante der Such-Buttons auf der Homepage von Google Search, der meistbesuchten Website der Welt. Sogar das kleine Mikrophon-Icon auf der rechte Seite des Suchfeldes spiegelt den Goldenen Schnitt wider – und es gibt noch viele weitere Beispiele. Es scheint, als habe man den Goldenen Schnitt beinahe bei jeder Entscheidung hinsichtlich der Platzierung oder Proportionen einzelner Elemente herangezogen. Wüsste man es nicht besser, könnte man meinen, Luca Pacioli und Leonardo da Vinci selbst hätten dieses Design-Projekt geleitet!

Diese Abbildungen zeigen, wie einige der größten Unternehmen der Welt für ihre Logos Goldene Verhältnisse nutzen.

Das von Google ist sicherlich nicht das einzige Logo, das Goldene Schnitte aufweist. Vermisst man die drei Ovale im Logo von Toyota, wird deutlich, dass die Breite des kleinen, schmalen Ovals in der Mitte durch die zwei Goldenen Schnitte der Breite des größten Ovals definiert wird. Die innere Kante des mittleren Ovals oben befindet sich genau auf dem Goldenen Schnitt der Höhe des gesamten Logos. Sogar der Querstrich des A und die Gabelung des Y liegen im Goldenen Schnitt.

Viele weitere Beispiele finden sich bei den Logos der erfolgreichsten Firmen weltweit. Die Lage des horizontalen Barren im Logo von Nissan ist durch den Goldenen Schnitt der Höhe des Logos definiert. Die konzentrischen Kreise, die das gelb-grüne BP-„Blüten-Mandala" bilden, stehen zueinander im Goldenen Verhältnis. Und das Logo von National Geographic ist einfach ein Goldenes Rechteck.

Auch bei Cartoon- und Videoanimatoren ist die Verwendung des Goldenen Schnittes beim Design von Charakteren und Szenen mehr als nur eine Ehrbezeugung. Ein früherer Zeichner von Disney erzählte mir, dass er diesen systematisch bei seinen Kreationen verwendete, obwohl man den Goldenen Schnitt unter Zeichner nie erwähnte – die meisten sind sehr verschwiegen, was ihre Arbeiten anbelangt. Das Disney-Logo ist eine stilisierte Version von Walt Disneys Unterschrift, der augenscheinlich den Goldenen Schnitt verehrte. Das Design des D enthält in den Proportionen und Positionen des verschnörkelten Bogens und der vertikalen Linie mindestens drei Goldene Schnitte, und der „Punkt" auf dem I ähnelt dem Großbuchstaben Phi. Auch das ***Y*** ist nicht einfach nur ein ***Y*** – es ähnelt dem Kleinbuchstaben Phi.

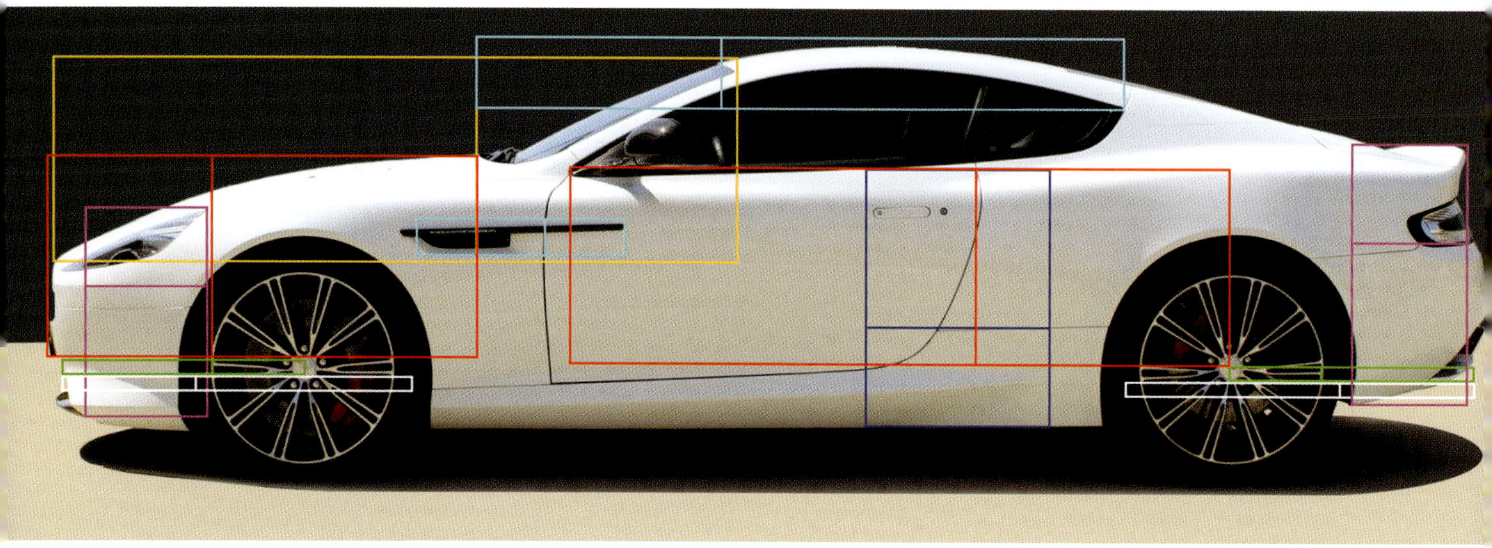

Farbige Rasterlinien zeigen die verschiedenen Goldenen Verhältnisse im Design des Aston Martin DB9 Coupé.

Eine der ersten Luxusmarken der Welt, Aston Martin, wandte dasselbe Konzept für das Design seiner Autos an. In der Beschreibung für die Werbekampagnen der Modelle Rapide S, DB9 und V8 Vantage stellte Aston Martin sicher, die wesentliche Rolle des Goldenen Schnittes bei vielen Aspekten des Designs zu betonen, von der Ausgewogenheit des Designs über die Perfektion, Eleganz und Harmonie bis zur Reinheit und Einfachheit.[21]

In Anbetracht ihrer Eleganz ist es nicht überraschend, dass der Goldene Schnitt auch beim Design der *USS Enterprise* für *Star Trek* eine Rolle spielte. In den 1960er-Jahren wandte sich der Autor der Serie an Matt Jefferies, einen Szenenbildner für Flugwesen und Mechanik, mit der Bitte, „ein Raumschiff wie kein anderes zu entwerfen, ohne Tiefenruder oder Rakentenabgasspuren, kraftvoll und fähig, die Lichtgeschwindigkeit zu überschreiten, das mit einer Besatzung von mehreren hundert Mann auf einer fünf Jahre andauernden Mission unbekannte Galaxien im Weltraum erforscht".[22] Jefferies begann mit einem leeren Blatt Papier, einem Filzstift und einer sehr pragmatischen Design-Ethik und schuf ein Raumschiff mit ganz deutlich auf Phi basierenden Proportionen.

Die Dokumentation seines Entwurfes zeigt, dass er die Proportionen des Designs bis auf hundertstel Millimeter genau angab. Das liegt klar über der erforderlichen Genauigkeit für die Konstruktion eines Modells in dem kleinen Maßstab, das man für das *Star Trek*-Set benötigte, und zeigt, dass er mit einer mathematischen Genauigkeit arbeitete, die auf geometrischen Formeln und Verhältnissen beruhte. Man findet viele weitere Goldene Verhältnisse in Jefferies Design der *Enterprise*, etwa in der Front- und Seitenansicht und bei vielen Details.

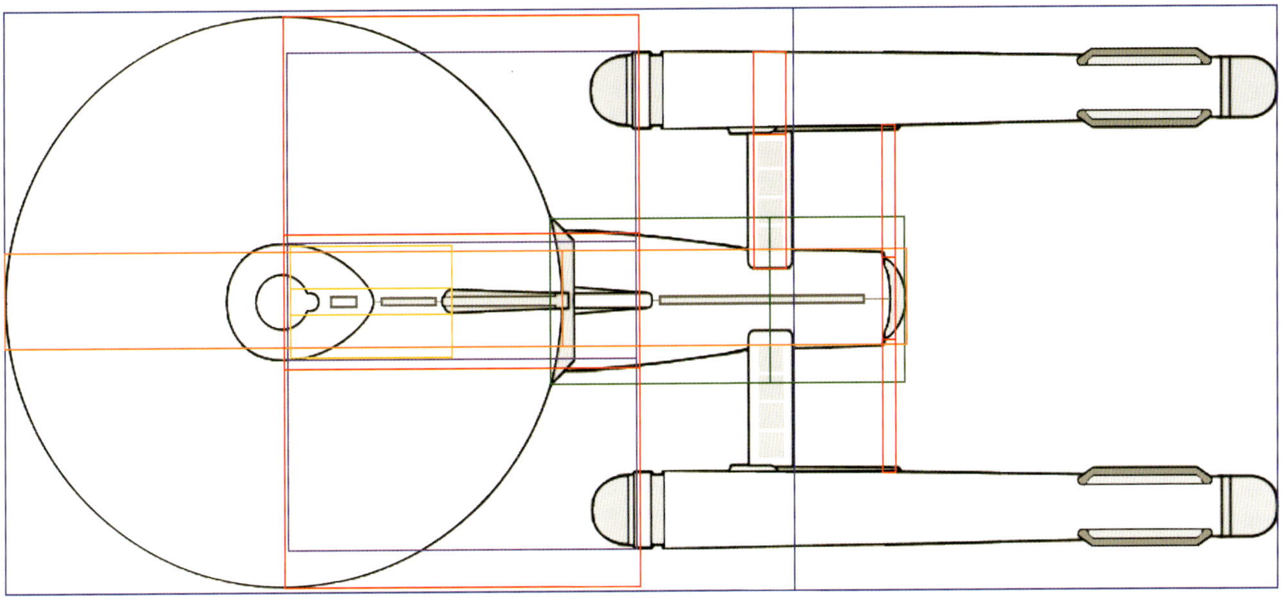

Sie werden vielleicht überrascht sein, dass Sie den Goldenen Schnitt die ganze Zeit vor Augen hatten – und vielleicht sogar so dazu verleitet wurden, ein Produkt zu kaufen oder eine Dienstleistung in Anspruch zu nehmen. Laut Darrin Crescenzi, dem früheren Entwurfsleiter für Innovation bei Interbrand New York und laut dem Magazin *Fast Company* einer der „kreativsten Köpfe im Geschäft",

Matt Jeffries' Entwurf für die USS Enterprise *für* Star Trek *weist zahlreiche Goldene Verhältnisse auf.*

„haben visuell veranlagte Menschen – Künstler, Architekten und Designer, historisch gesehen genaue Beobachter und Dokumentaristen sowohl der Natur als auch der menschlichen Verfassung, denen wir vieles zu verdanken haben, was wir über die Welt wissen – dieses Verhältnis wegen der ihm innewohnenden verlockenden Ausgewogenheit zwischen Symmetrie und Asymmetrie seit Jahrhunderten in ihren Arbeiten verwendet." [23]

PHI UND MODE

Die visuelle Anziehungskraft des Goldenen Schnittes blieb natürlich auch der Welt der Mode und des Stylings nicht verborgen. 2003 bezog die Designerin Susan Dell, die Ehefrau des Computer-Milliardärs Michael Dell, das Konzept des Goldenen Schnittes mit ein, als sie ihre „Phi-Kollektion“ auf den Markt brachte, eine Haute-Couture-Linie, bei der sie diese bemerkenswerte Zahl für die Maße und besonderen Elemente ihrer Designs verwendete. 2007 entwickelten die Zwillingsschwestern Ruth und Sara Levy „The Fashion Code®“, bei dem der Goldene Schnitt auf alle weiblichen Maße angewendet wird, um Empfehlungen für die Wahl der richtigen Kleidung zu geben. In den Bildern rechts wird mithilfe eines Rasters mit dem Goldenen Schnitt um den Körper jeweils die attraktivste Saumhöhe gezeigt. Ein zweiter Goldener Schnitt innerhalb des größeren Abschnittes des Rechtecks ergibt die ideale Position des Dekolletés und der Taille, die man für die ansprechendste Silhouette mit einem Gürtel oder einem passenden Kleidungsstück betonen kann.

Das Outfit unten links ist ein Beispiel dafür, was passiert, wenn man den Goldenen Schnitt *nicht* beachtet. Die Jacke ist zu kurz und das Oberteil zu lang, was die Kleidung weniger ansprechend aussehen lässt.

Wie Crescenzi andeutete, ist der Goldene Schnitt weit mehr als nur eine Alternative zur Dittel-Regel. Tatsächlich handelt es sich um ein mathematisch einzigartiges System von Verhältnissen innerhalb anderer Verhältnisse, das einer gesamten Komposition visuelle Harmonie verleihen kann. Obwohl es nur eines von vielen Mitteln ist, die Designer bei einem gelungenen Entwurf anwenden, sollte sich kein Designer das Wissen um ihn und seine Anwendung entgehen lassen. „Der Goldene Schnitt sollte unsichtbar bleiben – ein ordnendes Prinzip der Komposition, das man eher fühlt als versteht", sagt Crescenzi dazu. Weiters fügte er hinzu:

„Es gibt eine einzigartige visuelle Spannung zwischen beruhigender Symmetrie und unwiderstehlicher Asymmetrie, und deren bedachte Anwendung kann Schönheit und Harmonie und Ränkespiel in alle Arten von Dingen mit Design bringen."[24]

Den möglichen Variationen bei der Anwendung des Goldenen Schnittes auf jedes Design sind nur durch die eigene Kreativität Grenzen gesetzt, was bedeutet, dass es eigentlich überhaupt keine Grenzen gibt.

Sie verfügen jetzt mit der Geometrie und Arithmetik des Goldenen Schnittes sowie dem Wissen über seine Erscheinungsformen in monumentalen Kunstwerken und in der Architektur im Laufe von mehr als 2000 Jahren Menschheitsgeschichte über eine solide Grundlage. So sind Sie auf einem guten Weg, sich das inoffizielle – aber sehr wertvolle – Doktorat in „Phi"losophie zu verdienen (es wird in Goldenen Verhältnissen aufgewogen!). Auf dem letzten Abschnitt unserer Reise befassen wir uns schließlich noch mit den faszinierenden goldenen Formen in der Natur und im Universum.

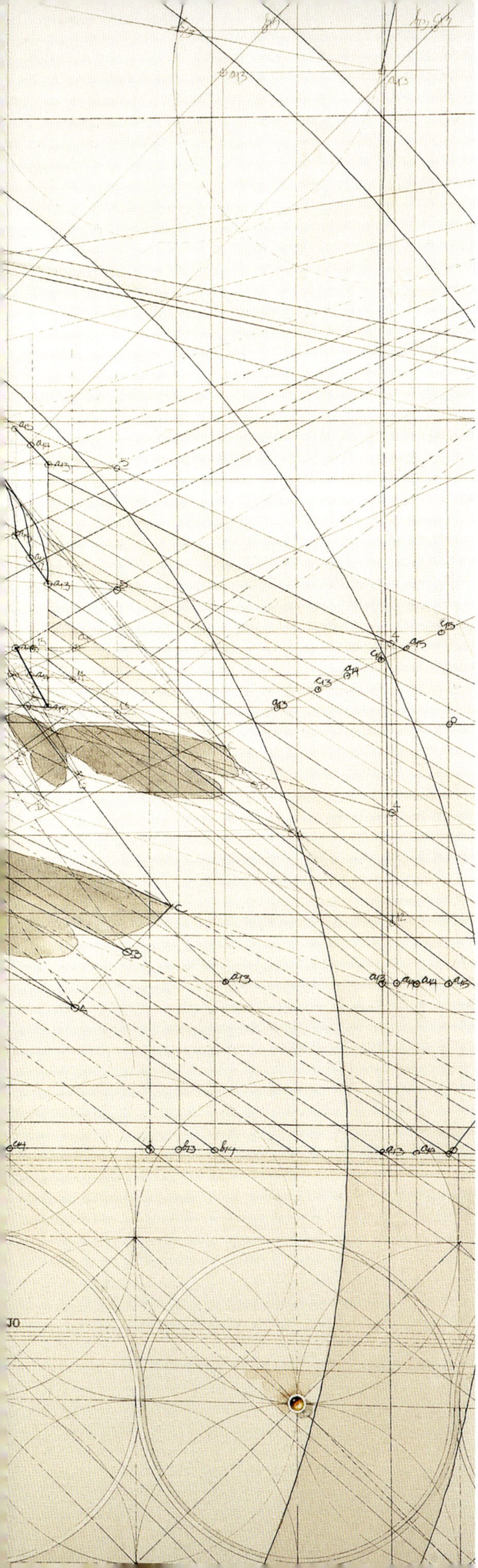

V

GOLDENES LEBEN

„Alles Leben ist Biologie.
Alle Biologie ist Physiologie.
Alle Physiologie ist Chemie.
Alle Chemie ist Physik.
Alle Physik ist Mathematik.“[1]

— Dr. Stephen Marquardt

Der deutsche Psychologe Adolf Ziesing (1810–1876) publizierte 1854 seine *Neue Lehre von den Proportionen des menschlichen Körpers*, in der er seine Überzeugung darlegte, dass der Goldene Schnitt seinen vollkommensten Ausdruck in der menschlichen Form hat. Er behauptete außerdem, dass er auf einem universellen Gesetz beruhe und das „Ideal" in allen Strukturen und Formen des Lebens und der Materie darstelle,[2] was Platons antiker Theorie der Formen entspricht. Laut Ziesing ist der Goldene Schnitt Ausdruck der Schönheit und Vollkommenheit – sowohl in der Kunst als auch in der Natur –, und seine Ideen inspirierten Le Corbusier und viele andere, die Paradigmen verändernde Entwürfe erdachten und Entdeckungen über unsere Welt und ihre mannigfaltigen Bewohner machten. Immer wieder tauchte dabei der Goldene Schnitt auf, obwohl nicht alle Entdeckungen so simpel sind, wie sie scheinen, oder so vollständig in ihrer Beweisführung, wie Zeising und andere behaupten.

Die Natur ist voller logarithmischer Spiralen, doch echte Goldene Spiralen kommen eher selten vor.

PHI UND PHYLLOTAXIS

Sogar die erbittertsten Skeptiker werden zustimmen, dass man Goldene und Fibonacci-Spiralen bei verschiedenen Pflanzen, Zapfen, der Ananas und den Samenständen von Sonnenblumen finden kann. Sie tritt außerdem in der Anordnung der Blütenblätter und des Blattstandes rund um Pflanzenstängel und Zweige auf.

Dieses spiralförmige Muster wurde zum ersten Mal bereits im 1. Jh. v. Chr. vom römischen Naturphilosophen Plinius dem Älteren entdeckt, doch erst der Schweizer Botaniker und Naturforscher Charles Bonnet führte eine ernstzunehmende Studie über die Beziehung zwischen den Pflanzenspiralen und den Fibonacci-Zahlen durch. 1754 beschrieb er seine Beobachtungen über die Spiralanordnung von Blättern, Stielen und Samen, wie er sie zum Beispiel auf einem Pinienzapfen vorgefunden hatte, in seinem Buch *Recherches sur l'usage des feuilles dans les plantes.* Bonnet prägte auch den Begriff *Phyllotaxis* – von den griechischen Wörtern *phyllon* für Blatt und *taxis* für Anordnung.[3]

Unten links: *Dieser Stich von James Caldwall stellt den Schweizer Naturforscher Charles Bonnet dar. Sie stammt aus dem Werk* A New Illustration of the Sexual System of Carolus von Linnaeus *(1802) des englischen Physikers Robert John Thornton.*

Unten rechts: *Man beachte die Phyllotaxis der Mandelblüten auf dem Zweig auf dieser botanischen Zeichnung aus* Birds and Nature *(1900).*

Ein einfaches Beispiel für das Prinzip der Pflanzenspiralen beruhend auf zwei aufeinanderfolgenden Fibonacci-Zahlen ist der Pinienzapfen. In der Abbildung unten kann man deutlich acht gegen den Uhrzeiger und dreizehn im Uhrzeiger verlaufende Spiralen erkennen.

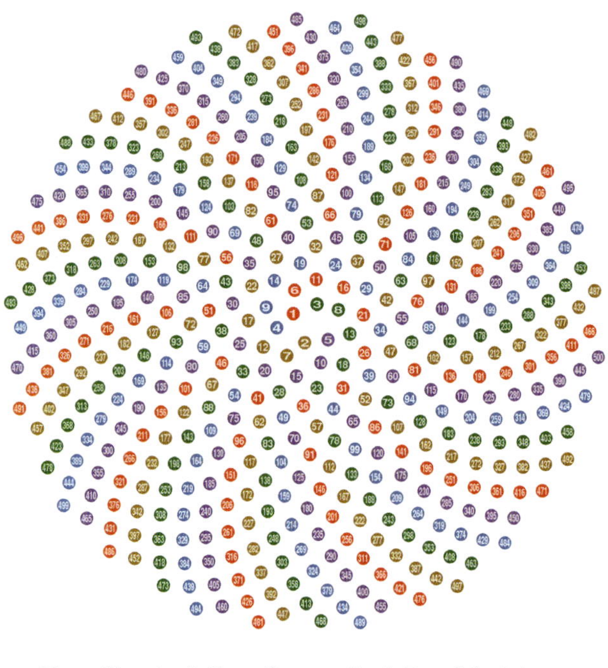

Oben: *Eine visuelle Darstellung von Vogels Formel der Polarkoordinaten der Sonnenblumeneinzelblüten von n = 1 bis n = 500.*

Das gleiche Prinzip gilt für die Sonnenblume – oder vielmehr für die fünfblättrigen Einzelblüten in ihrer Mitte. Sie sind in 55 im Uhrzeigersinn und 34 gegen den Uhrzeigersinn verlaufenden Spiralen angeordnet. 55 und 34 sind Fibonacci-Zahlen – wie auch die Zahl der Blütenblätter (5) jeder Einzelblüte!

1979 entwarf der deutsche Mathematiker Helmut Vogel eine Gleichung, um die Fibonacci-Spiralmuster der Einzelblüten darzustellen, wobei θ den Polarwinkel und n die Zahl der betreffenden Einzelblüten darstellt:

$$\theta = n \times 137{,}5^\circ$$

Hierbei beträgt der Rotationswinkel 137,5°, auch bekannt als *Goldener Winkel.* Warum 137,5°? Wie sich herausstellt, ergibt eine Division der Grade eines Kreises (360) durch den Goldenen Schnitt (1,618) den Wert 222,5°. Der kleiner Ausschnitt des Kreises beträgt somit 137,5°.

Man kann den Goldenen Winkel auch in der Anordnung der Blütenblätter rund um eine Knospe erkennen. Auch Blätter und Stängel ordnen sich nach diesem Winkel an, wahrscheinlich um die Rezeption des Lichtes zu optimieren und um das Wachstum in möglichst effizienter Weise zu unterstützen.

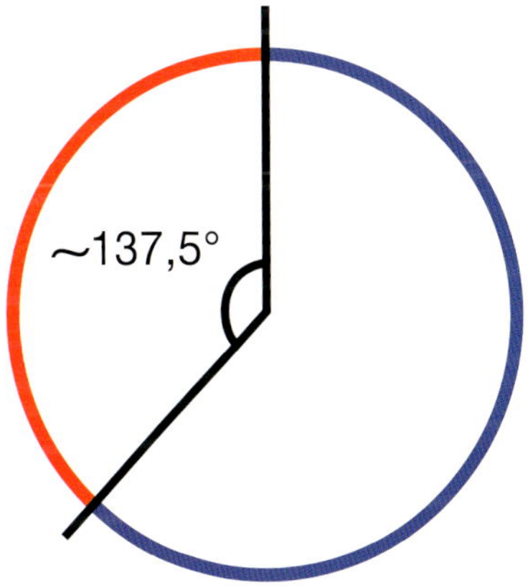

Oben: *Bei dieser Abbildung einer Sonnenblume kann man 55 im Uhrzeigersinn und 34 gegen den Uhrzeigersinn verlaufende Spiralen erkennen. Außerdem sieht man die fünf Blütenblätter jeder Einzelblüte um die Samenkapseln.*

Links: *Der Goldene Winkel.*

Der Goldene Winkel ist auch bei der Anordnung der Blätter der Sukkulentenpflanze Echeveria (oben) sowie der Anordnung der Blütenblätter der Lotusblume (unten) ersichtlich.

DIE SCHÖNHEIT DER ZAHL FÜNF

Wie wir in Kapitel 1 und 2 bereits festgestellt haben, ist die Fünf eine besondere Zahl in der Geometrie und bei der Berechnung des Goldenen Schnittes. Es besteht nicht nur ein Zusammenhang zwischen Phi und dem Pentagon und dem Pentagramm, sondern die Fünf nimmt auch die fünfte Stelle in der Fibonacci-Folge ein! Und lange nachdem die Pythagoreer das Pentagramm zum Symbol ihrer Schule gemacht und Platon die fünf platonischen Körper entdeckt hatte, untersuchte Leonardo da Vinci fünfblättrige Veilchen und bemerkte dabei die ihnen zugrunde liegende Struktur. Viele der bekanntesten und schönsten Pflanzen und Blumen, darunter die Familie der Rosen, weisen ebenfalls diese perfekte goldene Symmetrie auf.

Bei dieser spiralförmigen afrikanischen Aloe-Pflanze kann man ganz klar fünf gegen den Uhrzeigersinn verlaufende Spiralen erkennen.

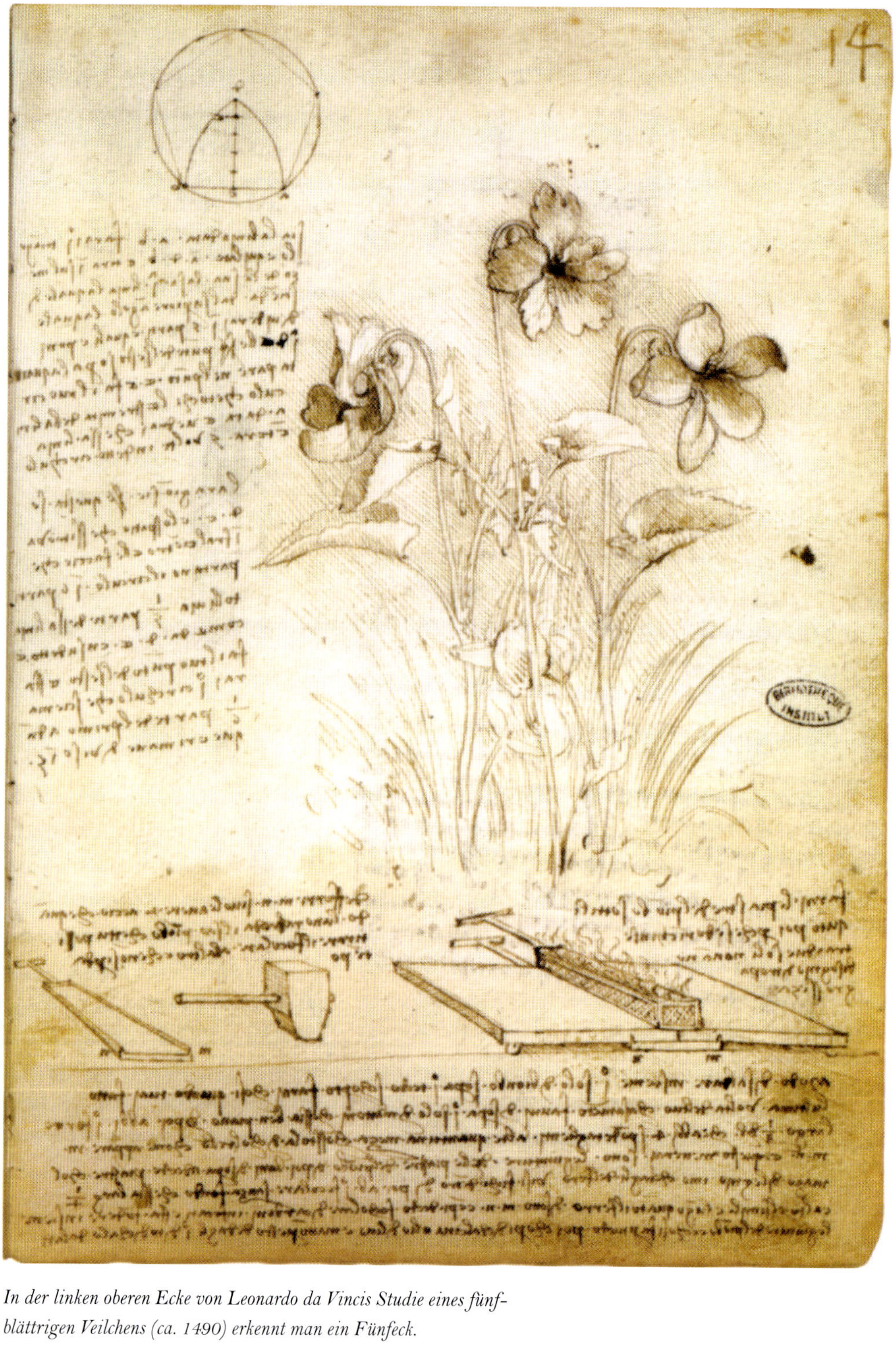

In der linken oberen Ecke von Leonardo da Vincis Studie eines fünfblättrigen Veilchens (ca. 1490) erkennt man ein Fünfeck.

Im Uhrzeigersinn von oben rechts: *Plumeria, Stechapfel, Blaue Passionsblume, Catharanthe und Windenblüte. Jede hat entweder fünf Blütenblätter oder, wie im Fall der Passionsblume, fünf Staubgefäße.*

Die Fünffach-Symmetrie kann man auch bei der Struktur von Früchten wie Äpfeln, Papayas oder Sternfrüchten (treffender Name!) beobachten. Ebenso findet sie sich unter anderem bei den essbaren Samenkapseln der Okra- und der Kakaopflanze.

Die Zahl Fünf findet man auch im Tierreich. Das offenkundigste Beispiel sind der Seestern, sein Cousin, der Schlangenstern, und der Seeigel.

Oben: *Querschnitte eines Apfels (oben), einer Papaya (Mitte) und einer Sternfrucht (unten) zeigen ihr sternförmiges Inneres.*

Oben: *Diese botanische Zeichnung der Kakaopflanze* Theobroma *zeigt die Fünfer-Anordnung der Kakaobohnen in ihrem Inneren.*

Ganz oben: *Die fünfeckige Form der Okraschote ist auf diesem Foto deutlich zu sehen.*

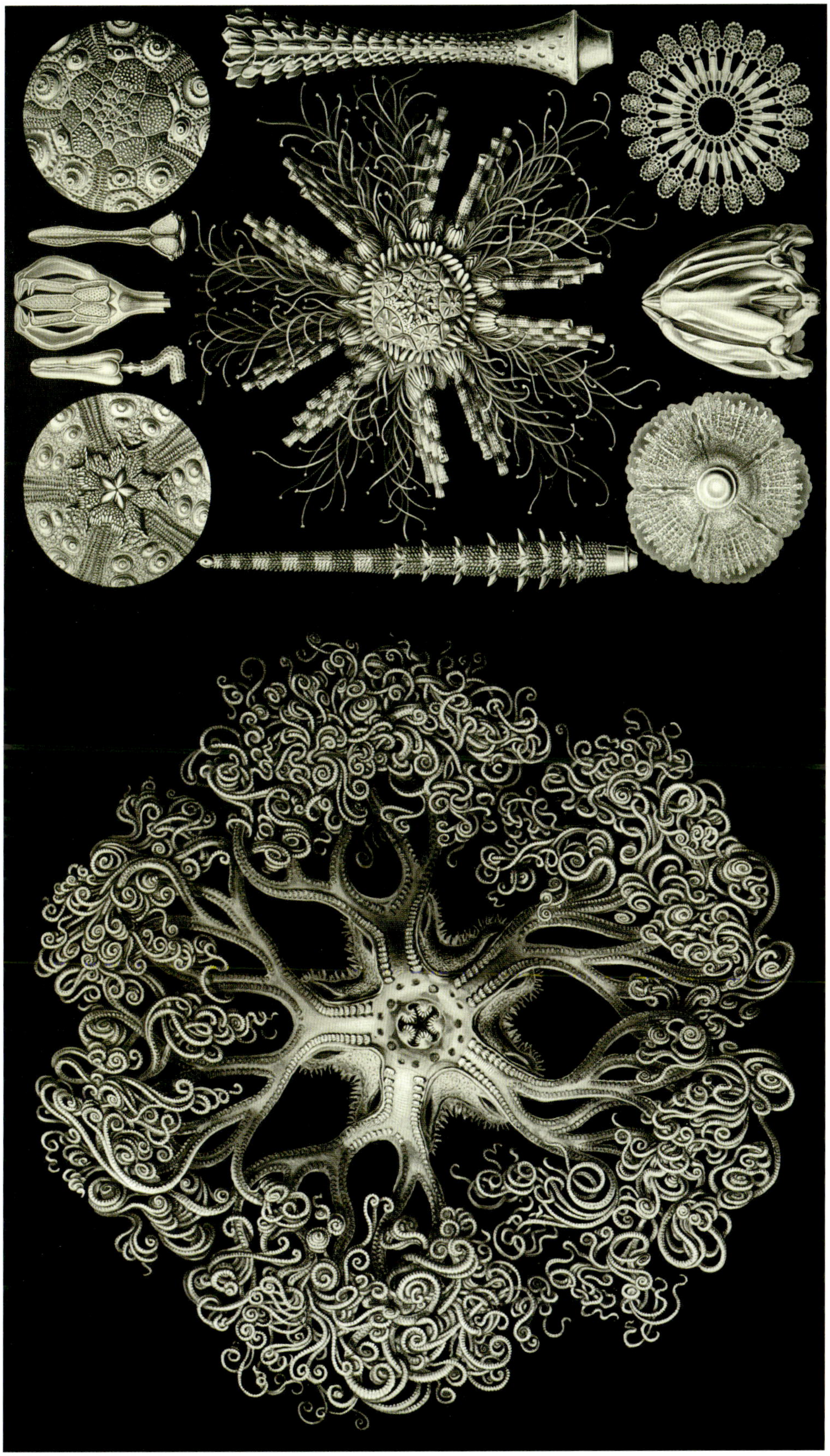

Diese detaillierte Illustration in Kunstformen der Natur *des deutschen Naturforschers Ernst Haeckel zeigt die Fünffach-Symmetrie des tropischen Riesenseesterns (unten) und verschiedener Arten von Seeigeln (oben).*

FRAKTALE

Der Goldene Schnitt spielt auch in der Geometrie der Fraktale eine große Rolle, und Fraktale spielen eine große Rolle in der Geometrie der Natur.

Ein Fraktal ist ein unendlicher, selbstähnlicher geometrischer Körper oder eine Kurve, wobei jeder Teil dieselbe Struktur und dieselben Eigenschaften hat wie das Ganze. Fraktale werden erzeugt, indem man einen einfachen Vorgang immer wieder wiederholt, wobei man bei jeder Wiederholung einen Skalierungsfaktor einsetzt, wie es auch bei den verschachtelten Rechtecken, die eine Goldene Spirale bilden, der Fall ist. Ein weiteres Beispiel ist die Laute des Pythagoras, die aus einer Reihe von Pentagrammen besteht, die jeweils um den Faktor Phi größer werden.

Zu den berühmtesten Fraktalen gehören die Koch'sche Schneeflocke und das Sierpinski-Dreieck, bei denen ein Skalierungsfaktor von 4 beziehungsweise 2 verwendet wird. Das Fibonacci-Wort und die Drachenkurve weisen Phi in der Skalierung auf. Kürzlich machte der amerikanische Mathematiker Edmund Harriss Schlagzeilen, als er die Harriss-Spirale entwickelte, eine auf Fraktalen beruhende Goldene Spirale.*

Ein interessantes Phänomen taucht bei flächenfüllenden Fraktalen mit einem Skalierungsfaktor, der gleich dem umgekehrten Goldenen Schnitt ($1/\Phi$ oder ϕ) ist, auf: Das Muster füllt den vorhandene Raum aus, ohne sich zu überlagern oder Stellen frei zu lassen. Bei Skalierungsfaktoren kleiner als ϕ weist das entstehende Muster weite leere Stellen auf. Hingegen bei Skalierungsfaktoren größer als ϕ überlagert sich das ganze Muster immer wieder selbst, freie Stellen gibt es keine.

Alle diese Fraktale sind theoretisch, d. h. in der Natur nicht vorhanden, jedoch nähern sich Wachstumsmuster in der Natur oft der Struktur dieser Fraktale im Hinblick auf ihre Selbstähnlichkeit an. Ein bekanntes Beispiel ist der Romanesco (eine Unterart des Brokkoli), fraktale Wachstumsmuster kommen aber auch im vaskulären System von Pflanzen vor.

Oben: Die Laute des Pythagoras ist in diesem bunten Quilt-Muster dargestellt.

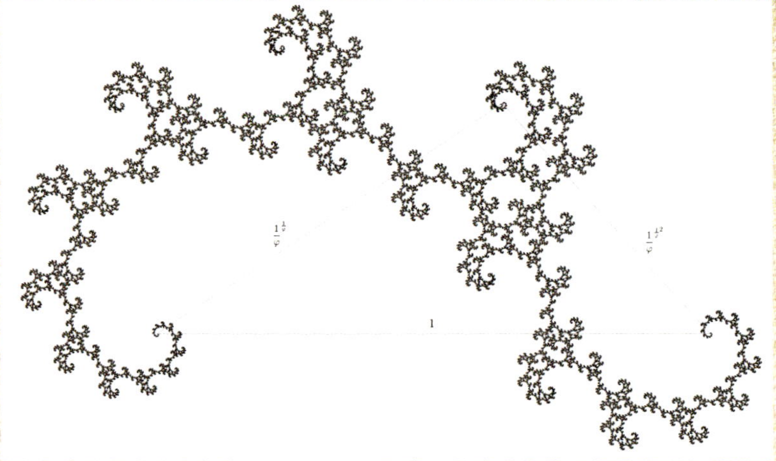

Oben: Die Goldene Drachenkurve.

Oben: Beispiele fraktaler Bäume mit den Skalierungsfaktoren 0,5, 0,618 ($1/\phi$) und 0,7. Der Baum mit dem Skalierungsfaktor des Goldenen Schnittes ist der einzige, der so wächst, dass sich alle Abschnitte berühren und es weder leere Stellen noch Überlagerungen gibt.

DIE WUNDERSAME SPIRALE

Der französische Mathematiker und Philosoph René Descartes (1596–1650) beschrieb als Erster das, was heute als logarithmische Spirale bekannt ist. Es war aber der Schweizer Mathematiker Jakob Bernoulli (1654–1705), der derart von ihren besonderen mathematischen Eigenschaften bezaubert war, dass er sie *spira mirabilis* (Latein für „wundersame Spirale“) nannte. Vergrößert sich diese Spirale, bleibt ihre Form gleich, weil sie sich um einen konstanten Wert in geometrischer Progression erweitert. Man findet diese auch als gleichwinklige oder exponentielle Spiralen bekannten Muster überall in der Natur – sowohl bei lebenden Wesen als auch bei Wirbelstürmen und Galaxien.

Unten: *Auf Jakob Bernoullis Epithaph im Basler Münster befindet sich (irrigerweise) eine archimedische Spirale mit gleichbleibenden Abständen zwischen den Windungen. Der Schweizer Mathematiker hatte eigentlich ein Abbild seiner* spira mirabilis, *bei der der Abstand zwischen den Windungen um einen konstanten Wert anwächst, im Sinn.*

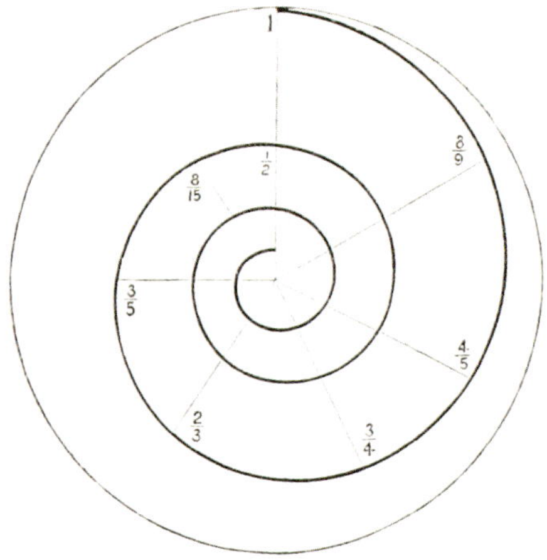

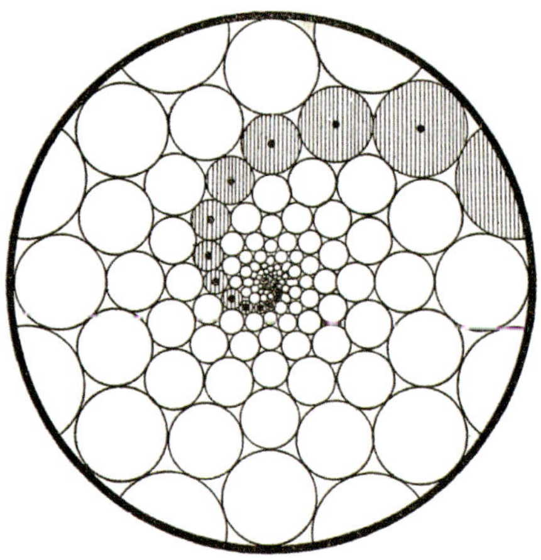

Oben: *Man kann logarithmische Spiralen verwenden, um einen stetig höher werdenden Ton (oben) oder das Wachstumsmuster von Blüten (unten) zu beschreiben.*

Die Schönheit und das häufige Auftreten von logarithmischen Spiralen sind leider auch eine Quelle für Verwirrungen. Viele Leute nehmen fälschlicherweise an, dass alle logarithmischen Spiralen Goldene Spiralen sind, die sich um den Faktor 1,618 erweitern. Tatsächlich ist die Goldene Spirale ein seltenes Beispiel für eine logarithmische Spirale – so wie ein Apfel eine Frucht und ein Pentagon ein Polygon ist. So sind alle echten Goldenen Spiralen logarithmisch, aber nicht alle logarithmischen Spiralen sind golden, so wie alle Äpfel Früchte, aber nicht alle Früchte Äpfel sind.

Der Nautilus wird ebenfalls in diese Verwirrung hineingezogen, weil er eine der schönsten und am leichtesten erkennbaren Spiralen in der Natur ist. So wurden beide, die Nautilus-Spirale und die Goldene Spirale, die mithilfe von aufeinanderfolgenden Goldenen Rechtecken gebildet wird, zum Symbol für den Goldenen Schnitt. In Wirklichkeit unterscheiden sich die Proportionen der Nautilus-Spirale von jenen einer Goldenen Spirale, wie unten zu sehen ist.

Die gängige Praxis, diese zwei unterschiedlichen logarithmischen Spiralen als Goldene Spiralen zu bezeichnen, führte zu Streitigkeiten unter Wissenschaftlern, Mathematikern und anderen, was das Vorkommen des Goldenen Schnittes in der Natur betrifft. Artikel von Phi-Skeptikern, die behaupten, dass die Verbindung mit dem Nautilus und alles andere, was man über den Goldenen Schnitt hört, nur ein hartnäckiger Mythos sei, überschwemmen das Internet, und sogar professionelle Mathematiker mischen sich ein. Laut einem Mathematiker liegt die Wachstumsrate der Spirale des Nautilus eher bei 4/3. Ein anderer anerkannter Wissenschaftler, bekannt für seine brillanten Skulpturen von dreidimensionalen geometrischen Modellen, verwendete einen 3D-Drucker, um eine Muschel basierend auf der Goldenen Spirale zu kreieren und verkündete, dies sei der einzig echte Nautilus der Welt, und beklagte, dass der arme Nautilus von den „Anführern des Kultes“ um den Goldenen Schnitt missbraucht werde. Beide hatten sicherlich nicht unrecht, was den Nautilus betrifft, doch es handelt sich um eine Verdrehung der Tatsachen.

Ich hatte nie den Ehrgeiz, ein Kult-Anführer zu werden, als ich Goldennumber.net gründete, und als ich von diesen Streitigkeiten erfuhr, beschloss ich, es sei an der Zeit, selbst Nachforschungen anzustellen. Ich untersuchte den Nautilus mit meiner zuverlässigen goldenen Schieblehre, die sich seit Jahren in meinem Bücherregal befand, und fand heraus, dass sich die Spiralen ziemlich genau an den Goldenen Schnitt halten. So bemerkte ich, dass es mehr als einen Weg gibt, eine Spirale zu kreieren, die auf dem Goldenen Schnitt beruht.

Bei der klassischen Goldenen Spirale, erweitert sich jeder Abschnitt bei einer Vierteldrehung (90 Grad) um 1,618, und die Proportionen haben wenig Ähnlichkeit mit einem Nautilus. Es existiert jedoch eine weitere Spirale, die genauso golden ist. Diese erweitert sich bei jeder Drehung um 180 Grad um den Faktor 1,618. Diese Goldene Spirale basierend auf einer Drehung um 180 Grad ist einer Nautilus-Spirale viel ähnlicher als eine basierend auf einer Drehung um 90 Grad.

Die Spirale links erweitert sich am Punkt A auf 1. Eine halbe Drehung (180 Grad) zu Punkt B erweitert die Spirale um 1,618 oder Φ. Eine weitere halbe Drehung zu Punkt C erweitert sie vom Mittelpunkt aus auf 2,618 – Φ². Die roten Linien zeigen die Erweiterung bei einer zusätzlichen vollen Drehung. Das vergrößert die Entfernung von B zum Rand der Spirale wieder um Φ², von Φ auf Φ³! Und so setzt sich das Muster weiter fort.

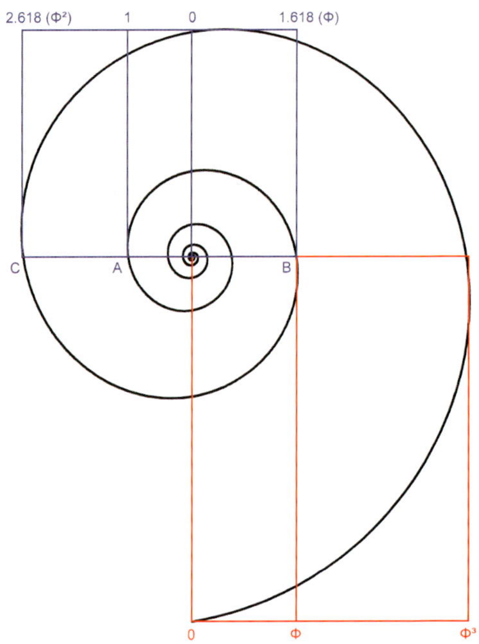

Die Übereinstimmung zwischen Nautilus-Spirale und Goldenem Schnitt vom Außenrand zum Mittelpunkt der Spirale gemessen war ziemlich hoch (siehe unten), aber bei der Vermessung vom äußeren Rand zum Rand der ersten Windung gegenüber, fand ich eine noch größere Übereinstimmung, wie ebenfalls unten zu sehen ist.

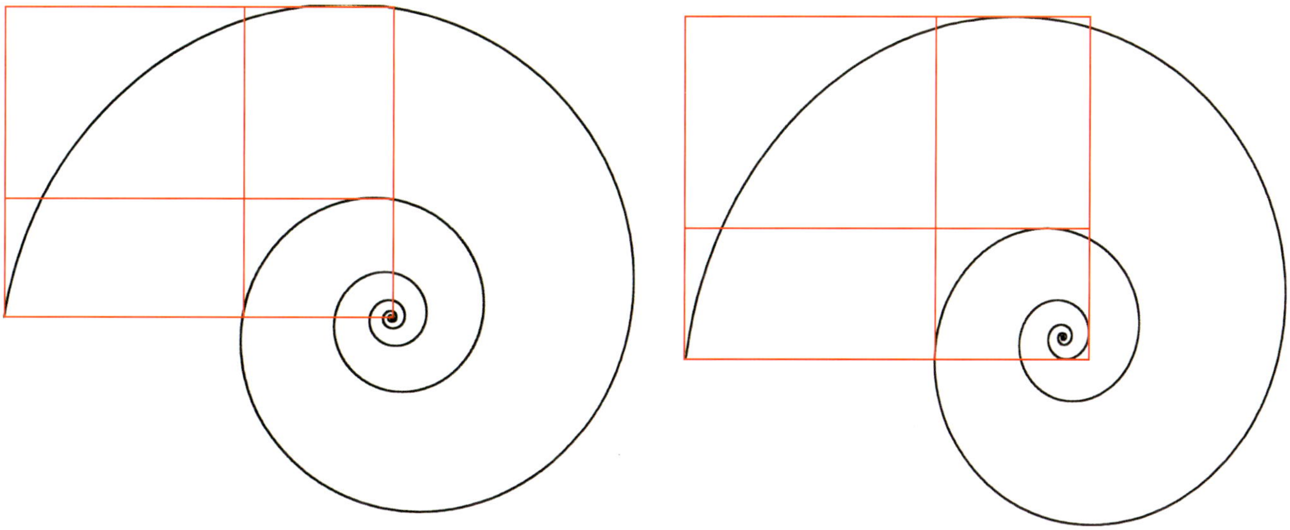

Bei der Vermessung meines Nautilus bei jeder Drehung um 30 Grad fand ich einen Wert der Erweiterung, der zwischen 1,545 und 1,627 schwankte – ein Durchschnittswert von 1,587 und eine Abweichung von 1,9 Prozent vom Goldenen Schnitt. Ich vermaß andere Nautilus-Muscheln, und es ergaben sich ebenfalls Werte, die etwas größer als der Goldene Schnitt waren.

Unten: *Eine logarithmische Spirale, die sich bei jeder Drehung um 180 Grad um den Faktor 1,618 erweitert, stimmt mit der Spirale eines Nautilus am ehesten überein.*

Nicht jeder Nautilus ist gleich beschaffen, und nicht jeder ist perfekt. So wie die menschliche Form besitzt auch der Nautilus Variationen und Unregelmäßigkeiten in der Form und in der Konformität seiner Verhältnisse mit jenen einer perfekten Goldenen Spirale. Obwohl es viele ungenaue Behauptungen hinsichtlich der Existenz oder Nicht-Existenz von Goldenen Spiralen in der Natur gibt, sehen wir, dass sich die Nautilus-Spirale um einen Wert, der Phi sehr nahe ist, erweitert – es hängt nur davon ab, wie man misst.

Ich hoffe, dies stellt die Ehre und den Ruf des Nautilus wieder her, doch es ist auch weiterhin notwendig, sorgfältig zwischen Goldenen Spiralen und logarithmischen Spiralen, die in der Natur vorkommen, zu unterscheiden. Ein Hurrikan oder eine Galaxie, die zum Teil zufällig mit einer Goldenen Spirale übereinstimmen, dürfen uns nicht zum Schluss verleiten, dass alle Hurrikans oder Galaxien auf Phi beruhen.

Gegenüber: *Ein NASA-Satellitenbild des Taifuns Sonca im Pazifik, 2011. Auf den ersten Blick scheinen die Sturmwolken eine Goldene Spirale zu bilden, doch Spiralen basierend auf Phi sind in der Natur eher selten.*

Im Uhrzeigersinn von oben rechts: *Spiralen bei einem Farnwedel, einem jungen Farnwedel vor dem Ausrollen, einem Seepferdchen, einem Chamäleonschwanz, einer chinesischen Drehwurz und der Whirlpool-Galaxie. Alle diese Spiralen stellen natürliche logarithmische Spiralen mit unterschiedlichen Wachstumsfaktoren dar.*

IM REICH DER TIERE

Während sich die Spiralformen mehrerer Meeresmuscheln, darunter der gestreiften Pleuroploca trapezium (unten), um einen Wert nahe Phi erweitern, erweitert sich jene der Schraubenmuschel (oben) um jeweils etwa 1,139.

Mit der PhiMatrix-Software ist es relativ leicht, Goldene Verhältnisse bei den Spiralen verschiedener Meeresmuscheln zu finden. Es ist ebenso leicht, Muscheln zu finden, deren Proportionen nicht auf dem Goldenen Schnitt beruhen, wie die unten abgebildete, die sich bei jeder Drehung um etwa 1,139 erweitert. Zwar findet man den Goldenen Schnitt relativ häufig bei Muschelspiralen, es handelt sich jedoch definitiv nicht um eine universelles Charakteristikum.

Das gilt auch für Insekten. Solche mit Zeichnungen oder Körperproportionen im Goldenen Schnitt, wie unten abgebildet, sind relativ verbreitet. Aber Insekten – die mehr als 90 Prozent der mehrzelligen Lebensformen der Erde darstellen[5] – kommen in einer so erstaunlichen Vielfalt an Grundformen und -strukturen vor, dass es unmöglich ist, daraus zu schließen, dass der Goldene Schnitt ein allgemeines oder auch nur vorherrschendes Prinzip ihrer Gestalt ist.

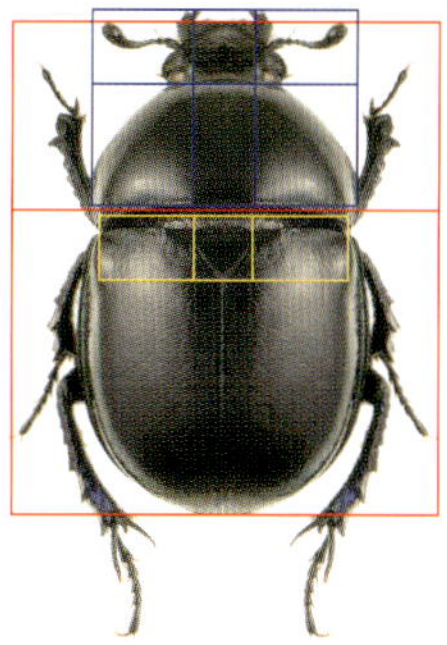

Vorige Seite, von oben nach unten: *Skarabäus, Riesenseidenspinner, Deutsche Wespe.*

Die Gesichtszüge der Hauskatze (links) sowie des afrikanischen Löwen (rechts) weisen Goldene Verhältnisse auf.

Bewegt man sich in den Lebensbereichen weiter nach oben, gibt es weniger Arten, aber ein einheitlicheres allgemeines Erscheinungsbild. Innerhalb der Feliden, also der Katzen, in der Ordnung der Carnivoren findet man den Goldenen Schnitt bei den Proportionen und der Position der Augen, der Nase und des Mundes. So liegen etwa die inneren Augenwinkel liegen nahe am Goldenen Schnitt der Entfernung zwischen der Nasenspitze und den Außenwinkeln der Augen. Weiters liegt die Nase der Katze sehr nahe dem Goldenen Schnitt der Entfernung zwischen den Pupillen und dem Mund.

Innerhalb der Hominiden, also der Menschaffen und auch der Menschen, in der Ordnung der Primaten kann man eine ähnliche Beziehung zwischen der Lage von Augen, Nase und Mund erkennen. Insbesondere liegt die Unterkante der Nase nahe dem Goldenen Schnitt der Entfernung zwischen den Pupillen und dem Mund. Auch Lage und Proportion der Augen im Verhältnis zur Breite des Gesichtes weisen Goldene Verhältnisse auf. Und nicht überraschend findet man dieselben Verhältnisse auch im menschlichen Gesicht.

Goldene Proportionen findet man bei den Gesichtern von verschiedenen Affenarten, darunter etwa bei Makaken (links) und Schimpansen (rechts).

GOLDENE PROPORTIONEN BEIM MENSCHEN

Ockhams Rasiermesser ist ein philosophisches Prinzip, das im 14. Jahrhundert vom Ordensbruder William von Ockham (ca. 1285–1347) erdacht wurde. Es besagt, dass von zwei möglichen Theorien die einfachere vorzuziehen ist. Mehr als 700 Jahre später ist das immer noch ein leitendes Prinzip für Wissenschaftler, und man sollte es auch bei der Überprüfung wissenschaftlicher Feststellungen über die Proportionen des menschlichen Gesichts und Körpers zurate ziehen. Leonardos *Vitruvianischer Mensch* zeigt ein System menschlicher Proportionen beruhend auf Hälften, Dritteln, Vierteln, Sechsteln, Achteln und Zehnteln. Dieselben menschlichen Proportionen können mit einer Reihe Goldener Verhältnisse noch leichter beschrieben werden. Welches System ergibt mehr Sinn? Könnte man William von Ockham noch fragen, hätte er sich höchstwahrscheinlich für die einfachere Methode des Goldenen Schnittes entschieden. Bedenkt man die konstante fraktale Erweiterung bei den Proportionen anderer Lebewesen, scheint diese Erklärung noch wahrscheinlicher.

Strecken Sie Ihren Arm vor sich aus, und betrachten Sie die Proportionen Ihres Zeigefingers. Röntgenbilder zeigen, dass jeder Knochen des Zeigefingers, von der Fingerspitze zur Handwurzel betrachtet, größer ist als der davorliegende – und zwar basierend auf den Fibonacci-Zahlen 2, 3, 5 und 8. Wir wissen bereits, dass sich das Verhältnis aufeinanderfolgender Fibonacci-Zahlen dem Goldenen Schnitt annähert, deshalb ist nicht verwunderlich, dass das Verhältnis der Länge des Unterarms zur Länge der Hand ungefähr 1,618 beträgt.

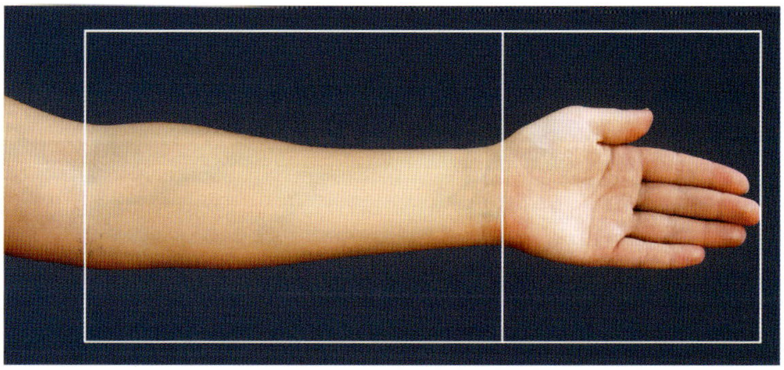

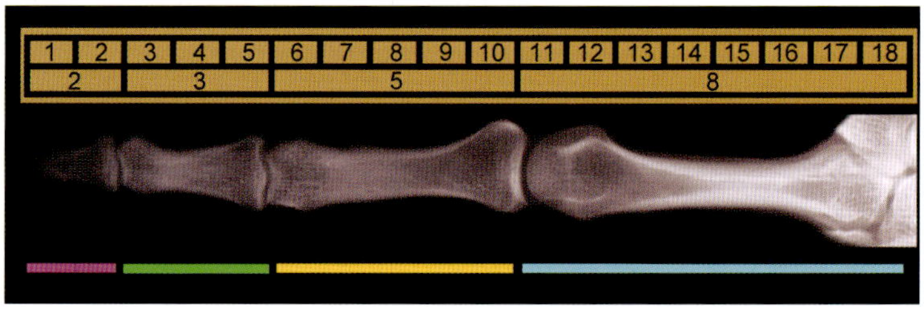

Legt man ein Lineal neben ein Röntgenbild des Zeigefingers, wird die Beziehung zwischen der Fibonacci-Folge und der Länge der Knochen ersichtlich.

DAS MENSCHLICHE GESICHT

Und was ist mit dem menschlichen Gesicht? Gibt es den Goldenen Schnitt auch da? Die Grundstruktur aller unserer Gesichter ist dieselbe. Das lässt uns menschlich aussehen und nicht wie ein Löwe oder ein Schimpanse. Es gibt aber Unterschiede in dieser Struktur – wie soll man also das herauspicken, was für die ganze Menschheit typisch ist? Ein Ansatz wurde mit der Forschung von Lisa DeBruine und Ben Jones auf FaceResearch.org gefunden.[5] Mit der PsychoMorph-Software, entwickelt von Dr. Bernard Tiddeman, kombinierten sie Bilder von Gesichtern von 50 weißen Männern und 50 weißen Frauen im Alter von 18 bis 35 Jahren, um „Durchschnittsgesichter" zu erhalten. Die Forscher verwendeten außerdem je vier Bilder von männlichen und weiblichen Personen weißen, west-asiatischen, ost-asiatischen und afrikanischen Ursprungs, um auch für diese ethnischen Gruppen „Durchschnittsgesichter" zu erstellen – mit erstaunlich ähnlichen Ergebnissen. Obwohl man nur 16 verschiedene Gesichter aus vier ethnischen Gruppen für die beiden „universellen" Gesichter heranzog, waren diese nahezu identisch mit den Durchschnittsgesichtern basierend auf den 50 weiblichen und 50 männlichen weißen Personen im Hinblick auf die Grundproportionen.

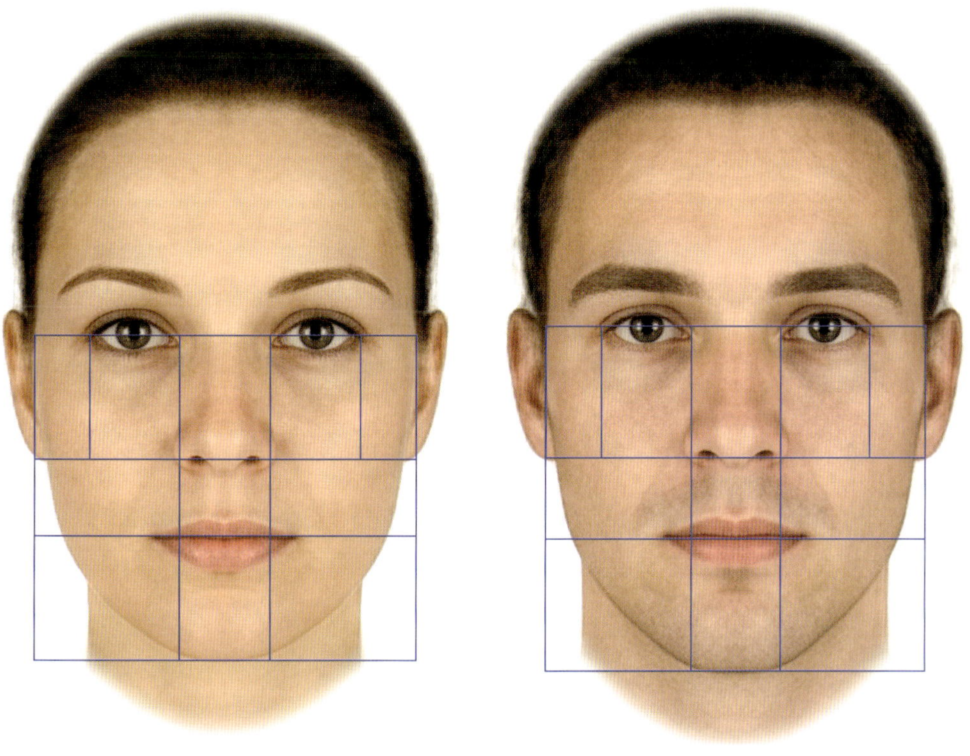

Hierbei handelt es sich um Darstellungen der mathematisch durchschnittlichen Proportionen von 50 männlichen und 50 weiblichen Gesichtern, denen 189 Gesichtsmerkmale zugrunde liegen, was einen statistisch gültigen Richtwert für die Annahme des Auftretens des Goldenen Schnittes bei diversen Merkmalen darstellt.

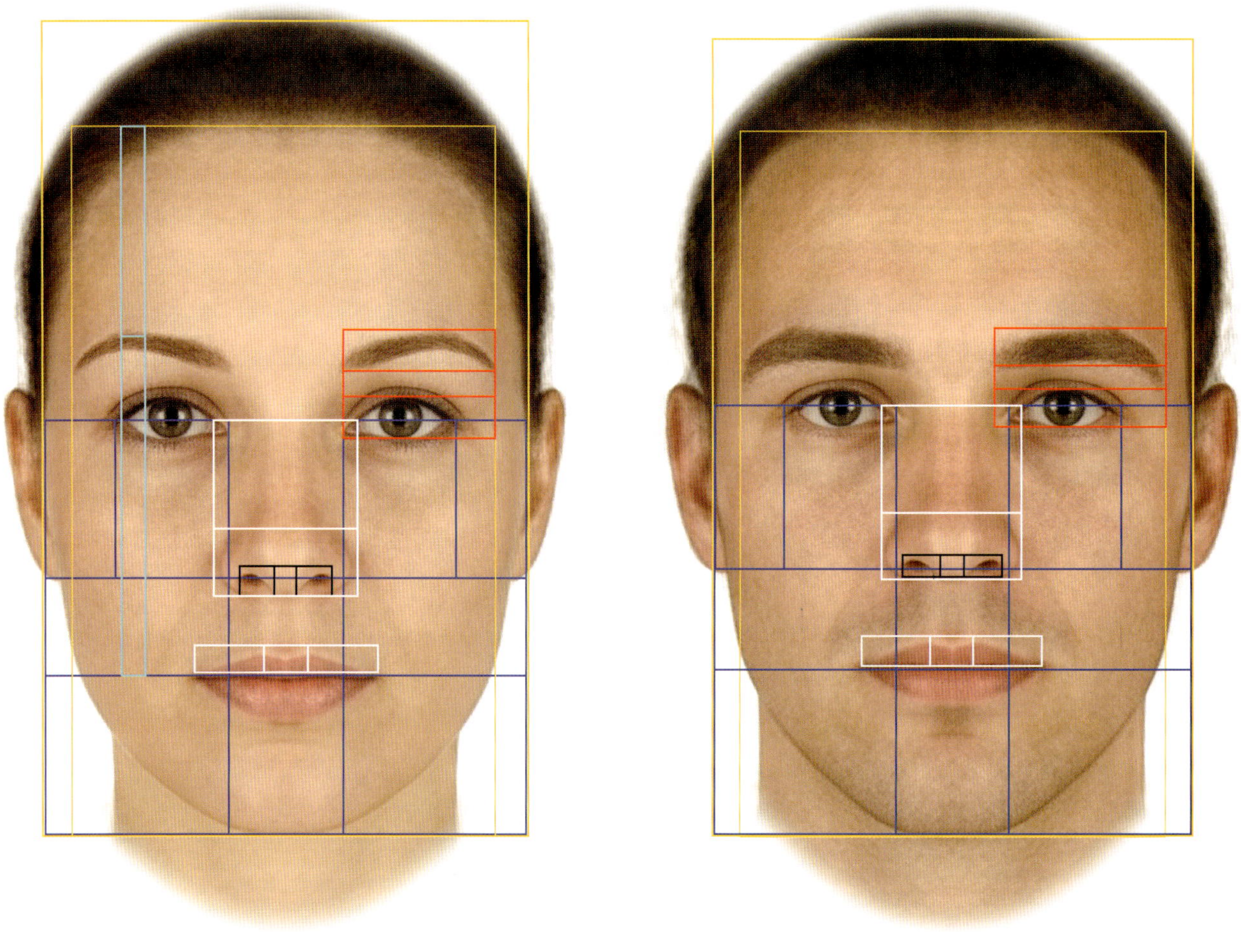

Die auf dem Goldenen Schnitt beruhenden PhiMatrix-Raster zeigen die Goldenen Proportionen, die man im Allgemeinen in menschlichen Gesichtern findet.

Legt man einfache PhiMatrix-Raster über das männliche und weibliche Durchschnittsgesicht, liegen die inneren Augenwinkel, wie bei anderen Hominiden, auf dem Goldenen Schnitt der Distanz von einer Gesichtsseite zur anderen und die äußeren Augenwinkel im Goldenen Schnitt der Entfernung zwischen den inneren Augenwinkeln und einer Seite des Gesichtes. Misst man die vertikale Distanz zwischen Pupillen und Kinn erkennt man einen weiteren Goldenen Schnitt in der Mitte der Lippen. Auf den Seiten 169 und 175 erkennt man mithilfe der Raster das Vorkommen dieser Grundstruktur basierend auf dem Goldenen Schnitt bei Durchschnittsgesichtern aller ethnischen Gruppen.

Untersucht man die Entfernung zwischen diversen Merkmalen genauer, entdeckt man in den menschlichen Durchschnittsgesichtern mindestens ein Dutzend Goldener Proportionen, darunter hinsichtlich Größe und Lage von Augen, Augenbrauen, Mund, Lippen und Nase. Länge und Breite des Kopfes ergeben ein Goldenes Rechteck, genau wie das Gesicht, das von

Haaransatz, Kinn und Augenbrauen begrenzt wird. Es ist erstaunlich, bis zu welchem Grad menschliche Durchschnittsgesichter dieselbe „geheime Wissenschaft" des harmonisierenden Goldenen Schnittes aufweisen, die im Laufe der Geschichte in der Kunst angewandt wurde.

Manche stellen die Frage, warum der Goldene Schnitt überhaupt im Gesicht auftaucht – genauso gut könnte man fragen, warum nicht. Man findet den Goldenen Schnitt und die damit in Beziehung stehenden Fibonacci-Zahlen bei einer Vielzahl von Lebensformen. Viele, die das Auftreten des Goldenen Schnittes im Gesicht leugnen, verabsäumen, die Gesichtsmerkmale, die die Proportionen bestimmen, bei ihren Messungen heranzuziehen. Manche haben sogar noch nie Messungen durchgeführt. Meine Messungen sowie die anerkannter Experten wie Dr. Stephen Marquardt und Dr. Eddy Levin beweisen nicht nur das Auftreten des Goldenen Schnittes in den Proportionen des menschlichen Gesichtes, sondern auch deren Auswirkung auf unsere Wahrnehmung von Schönheit und Attraktivität.

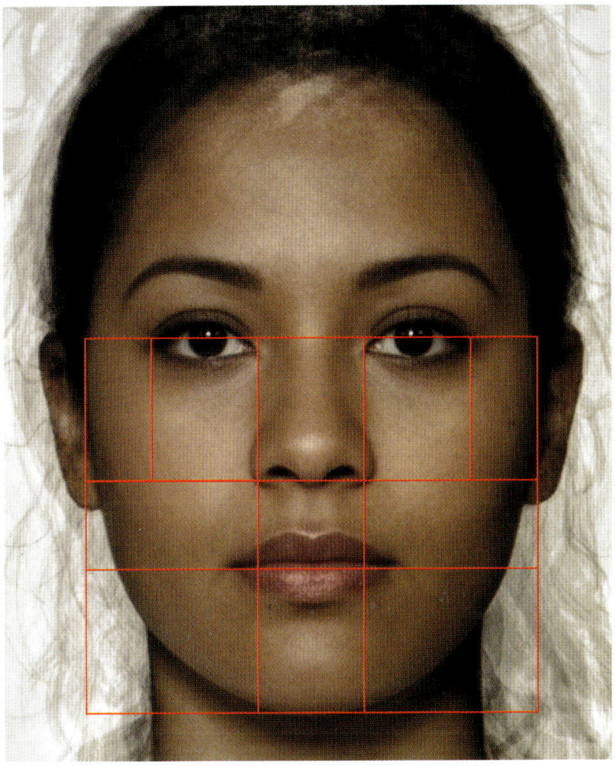

Obwohl man nur 16 verschiedene Gesichter aus vier ethnischen Gruppen für dieses „universelle" weibliche Gesicht heranzog, sind die Proportionen annähernd gleich jenen des weiblichen Durchschnittsgesichts auf den Seiten 167–168.

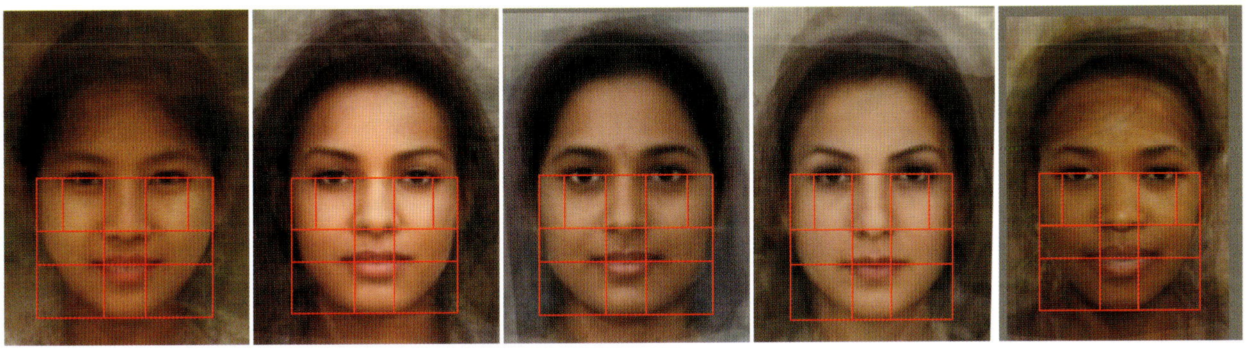

Collin Spears, ein unabhängiger Forscher, verwendete die Software FaceResearch.org, *um Durchschnittsgesichter aus den Gesichtern von Männern und Frauen aus 40 verschiedenen Ländern zu erstellen. Die Resultate waren faszinierend. Trotz Unterschieden hinsichtlich der Gesichtsformen passen alle ganz gut in den Raster und belegen so das Auftreten des Goldenen Schnittes in den Gesichtern der Menschen weltweit.*

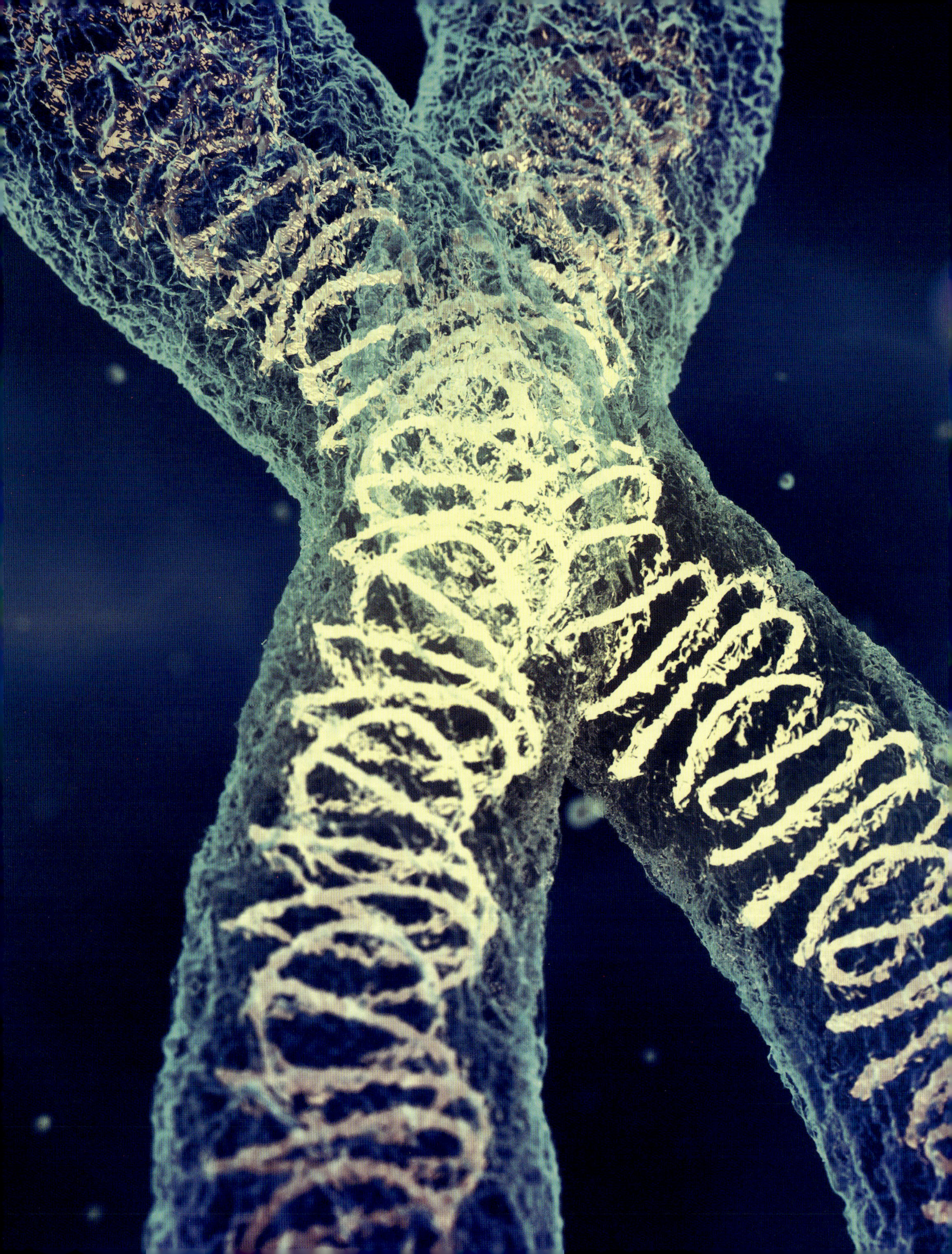

GOLDENE DNA?

Wenn der Goldene Schnitt die Proportionen unserer Körper und Gesichter beeinflusst, wie steht es dann mit dem fundamentalen Baustein des menschlichen Lebens, der DNA (Desoxyribonukleinsäure)? Diese submikroskopische Doppel-Helix enthält alle notwendigen Informationen zur Bildung und Entwicklung jeder Lebensform, inklusive der Viren.

Aber wie groß ist eigentlich die DNA? Jede Zelle im menschlichen Körper enthält 92 DNA-Stränge (es gibt 23 Chromosomenpaare, d. h. 46 Einzelchromosome, die jeweils aus zwei DNA-Strängen bestehen), und laut neuester Schätzungen bestehen Menschen aus schätzungsweise 30 bis 40 Billionen Zellen.[6] Notwendigerweise ist also jede dieser Zellen winzig, die Größe reicht von wenigen Mikrometern (d. h. Millionstel eines Meters) bis annähernd 100 Mikrometer, die Breite der DNA-Stränge in jedem Zellkern ist noch geringer und wird in Nanometern (d. h. Milliardstel eines Meters) gemessen. Nach Schätzungen liegt die Größe einer vollen 360-Grad-Windung der DNA bei 3,2 Nanometern, die Entfernung der Stränge zueinander beträgt 2,0 Nanometer.[7] Diese Abmessungen ergeben ein Verhältnis von 1,6 – was dem Goldenen Schnitt überraschend nahe kommt.

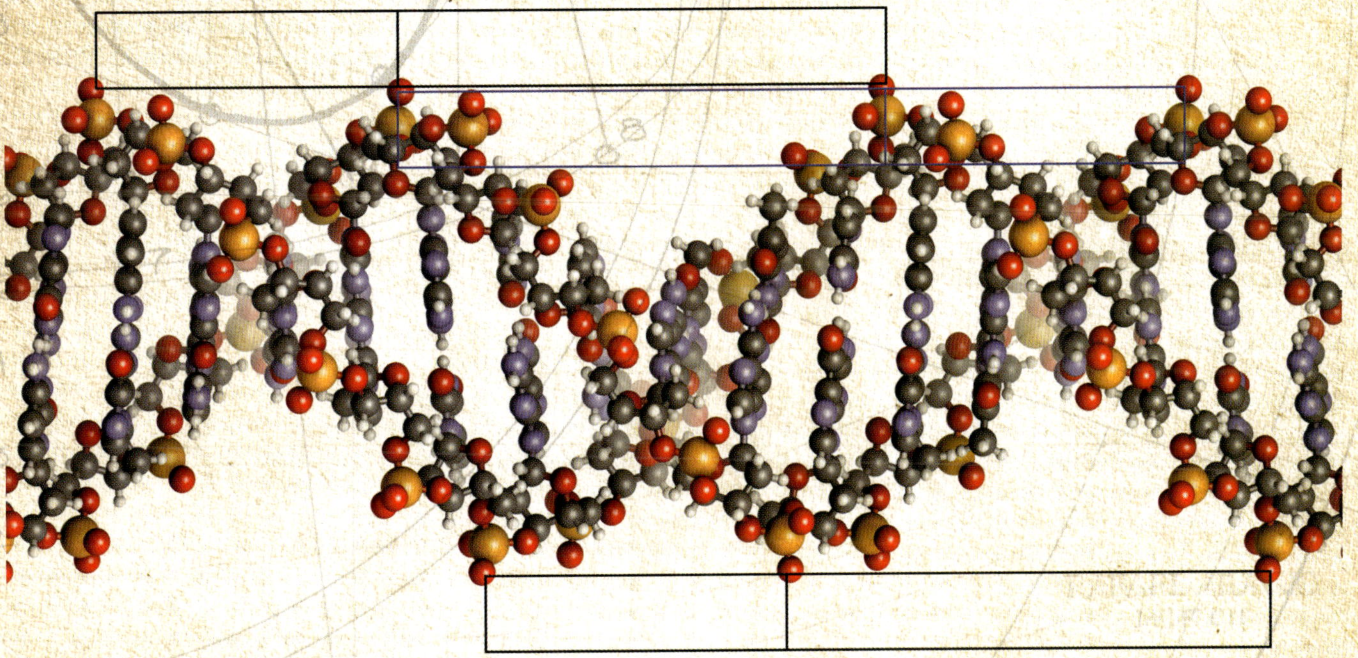

Oben: *Diese digitale Darstellung zeigt die vergrößerte auf Phi beruhende Struktur der Doppel-Helix der DNA.*

Gegenüber: *Eine digitale Illustration der schraubenförmigen DNA-Stränge innerhalb eines Chromosoms.*

Genetiker entdeckten verschiedene Arten von DNA, doch vermutlich ist die B-DNA in der Natur am weitesten verbreitet. Zufällig wechseln sich in dieser DNA-Struktur kleinere und größere Abstände ab, die ein auf Phi beruhendes Verhältnis aufweisen.

Weiters besitzt die Doppel-Helix etwa zehn Basenpaare pro 360-Grad-Windung. Das erzeugt im Querschnitt eine Form mit zehn Seiten, wie bei einem Zehneck. Erkennen Sie die einem Pentagon ähnlichen Strukturen in der Mitte des Querschnittes?

Jede diploide Zelle des menschlichen Körpers – die meisten unserer Zellen, mit der bekannten Ausnahme der haploiden Reproduktionszellen – enthält mindestens sechs Milliarden Basenpaare, die Ihre genetische Erbmasse, und nur Ihre, enthalten! Noch unglaublicher ist, dass sich all dies in einem Raum von etwa sechs Mikrometern – $^{1}/_{16}$ der Dicke eines Haares – abspielt. Zieht man jedoch einen DNA-Strang in die Länge, erreicht er eine Länge von mehr als 1,8 Metern![8]

Beachten Sie die Fünffach-Symmetrie in der Mitte des Querschnittes der molekularen Struktur der B-DNA.

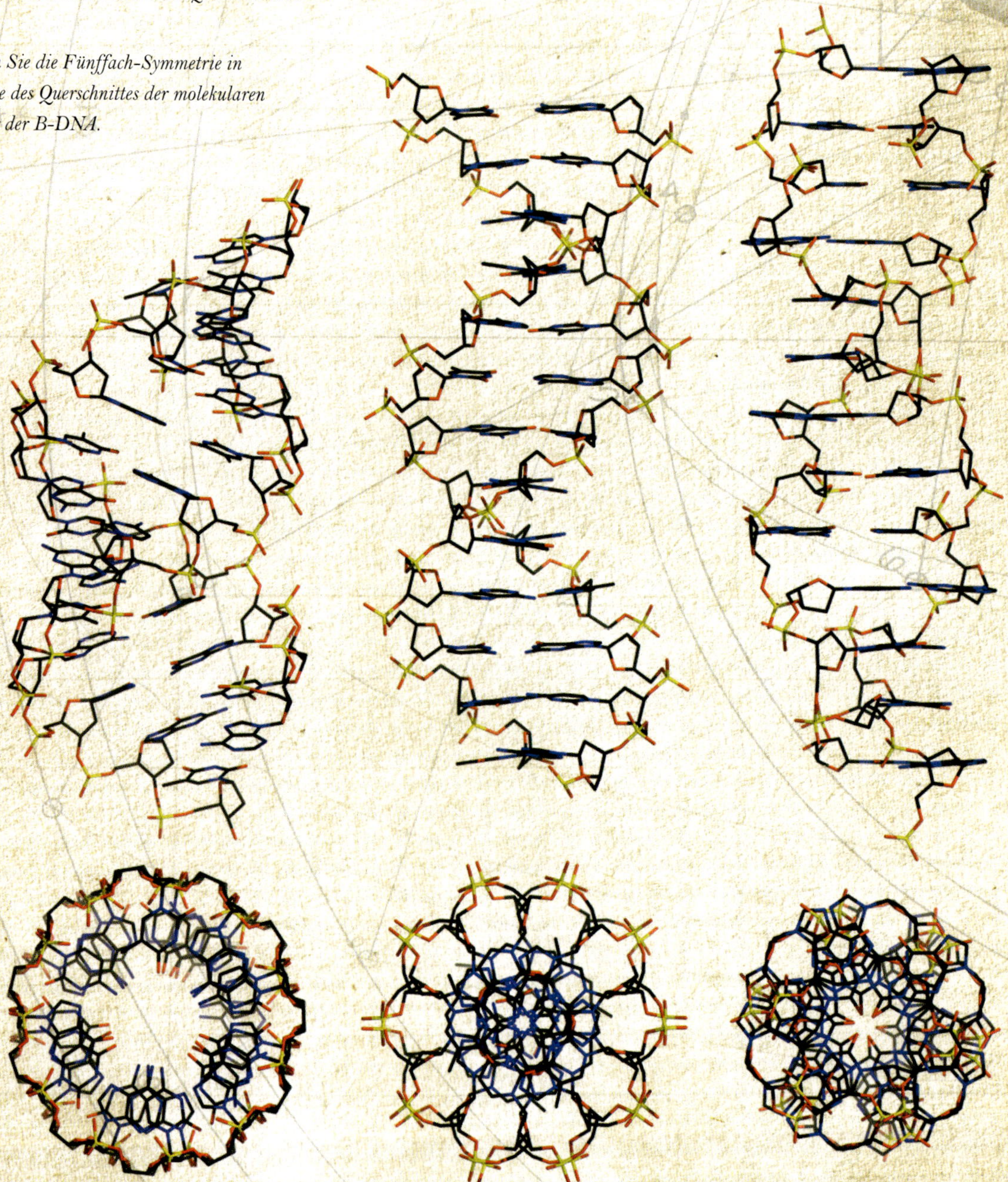

DIE NATÜRLICHE SCHÖNHEIT VON PHI

Die Verehrung der Schönheit menschlicher Formen inspirierte zahlreiche Geschichten und Kunstwerke von der Antike bis heute. Man sagt, dass nach der Entführung Helenas nach Troja ihr schönes Gesicht tausende Schiffe in See stechen ließ – als die Achaier sich aufmachten, um sie nach Sparta zurückzuholen, was den legendären Trojanischen Krieg zur Folge hatte. Schon davor, aber auch danach bestimmte die menschliche Auffassung von Schönheit die Geschichte, wobei sie einige der Meisterwerke der Kunst, Literatur und Musik inspirierte.

DIE SCHÖNHEITSMASKE VON MARQUARDT

Stephen R. Marquardts Faszination für das menschliche Gesicht wurde durch ein traumatisches Kindheitserlebnis ausgelöst. Als er vier Jahre alt war, waren er und seine Eltern in einen Autounfall verwickelt, bei dem das Gesicht seiner Mutter komplett zertrümmert wurde. Glücklicherweise leistete ein sehr geschickter Chirurg gute Arbeit und stellte ihr Gesicht erfolgreich wieder her, doch ihr Aussehen hatte sich erheblich verändert. Die Erfahrung hinterließ bei ihm den nagenden Wunsch zu verstehen, wie subtile Unterschiede die Art, wie wir Gesichter wahrnehmen und wiedererkennen, beeinflussen und wie wir entscheiden, was wir als schön empfinden.

Dr. Marquardt schloss sein Medizinstudium mit einer Spezialisierung in Mund-, Kiefer- und Gesichtschirurgie ab. Auf seiner Suche nach Antworten erfand – oder in seinen Worten „entdeckte" er – die Marquardt-Schönheitsmasken, die in vielen Proportionen den Goldenen Schnitt reflektiert, denn sie besteht aus Zehnecken, die wie Fünfecke eine Verbindung zu Phi aufweisen. Seine Forschung ist weltweit anerkannt und wurde in den Medien mit zahlreichen Artikeln und Dokumentarfilmen über Schönheit breit diskutiert, darunter auch die 2001 ausgestrahlte BBC-Dokumentation *The Human Face.* Seine acht Masken decken männliche und weibliche Gesichter in drei Dimensionen mit Frontal- und Seitenansichten und mit lächelndem und erstem Ausdruck ab.

Dr. Marquardt zog sich nach drei Jahrzehnten aus der praktischen Chirurgie zurück und widmet sich seitdem der Forschung über interkulturelle menschliche Schönheit. Indem er seine patentierten Masken auf Bilder von Gesichtern aus verschiedenen Zeitaltern, Kulturen und Ethnien anwandte, wies er eine archetypische Struktur in der Definition menschlicher Schönheit nach – die Grundlage für unser Verständnis von menschlicher Schönheit. Trotz verschiedener Moden im Laufe der Jahrtausende blieb die grundlegende menschliche Wahrnehmung von Schönheit unverändert. Sie ist fest verankert in unserer DNA und Teil dessen, was wir sind.

Bei der PhiMatrix-Analyse von Gesichtern, die in der Vergangenheit als schön angesehen wurden, fand ich heraus, dass wichtige Merkmale wie Pupillen, Augenwinkel, Nase, Lippenverlauf, Kinn und Gesichtsbreite immer nach auf Phi beruhenden Rastern ausgerichtet sind. Auf den folgenden Seiten ist zu sehen, dass man auch heute bei Models unterschiedlicher Herkunft den Goldenen Schnitt findet – ein weiterer Beweis dafür, dass unsere Wahrnehmung von Schönheit unverändert und universell ist.

Julia Flavia (64–91 n. Chr) war die Tochter und das einzige Kind des römischen Kaisers Titus. Diese Marmorstatue spiegelt die klassische Schönheit der Zeit des römischen Imperiums wider.

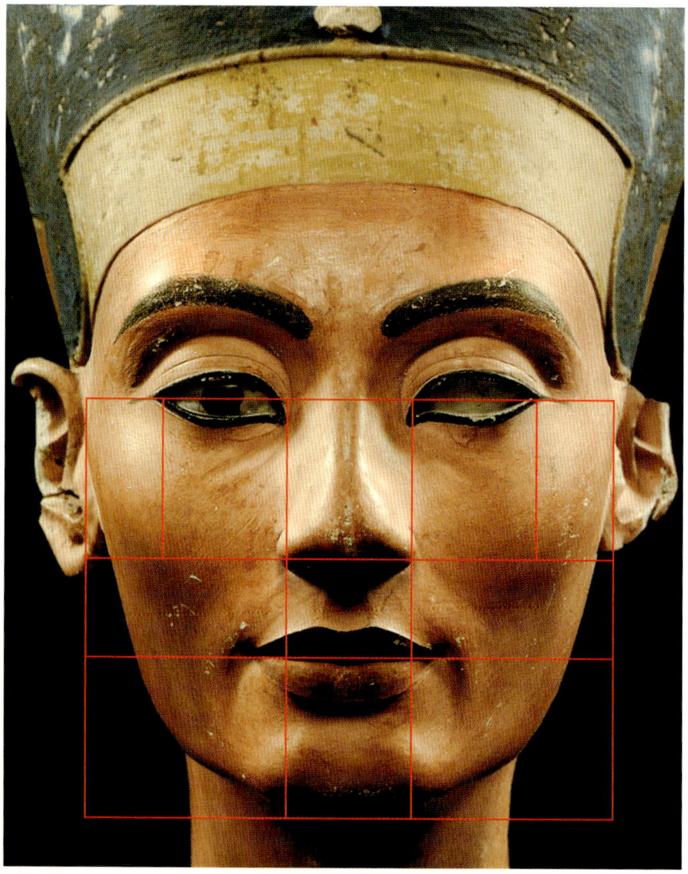

Nofretete, eine für ihre Schönheit bekannte ägyptische Königin, regierte mit ihrem Ehemann, Pharao Echnaton, um 1350 v. Chr. Wörtlich bedeutet ihr Name „eine schöne Frau ist gekommen", und ihr wunderschönes Gesicht fasziniert die Menschheit bis heute.

Es existieren ethnische Unterschiede hinsichtlich der Durchschnittsgrößen und -proportionen bei subtileren Gesichtsmerkmalen wie Augen, Augenbrauen, Lippen und Nase, aber grundlegende Gesichtsstrukturen basierend auf Phi stellen einen Archetypus der Schönheit unabhängig von diesen Unterschieden dar.

Das Gesicht dieser attraktiven Frau weist eine erstaunliche Anzahl an Proportionen, die auf Phi beruhen, auf.

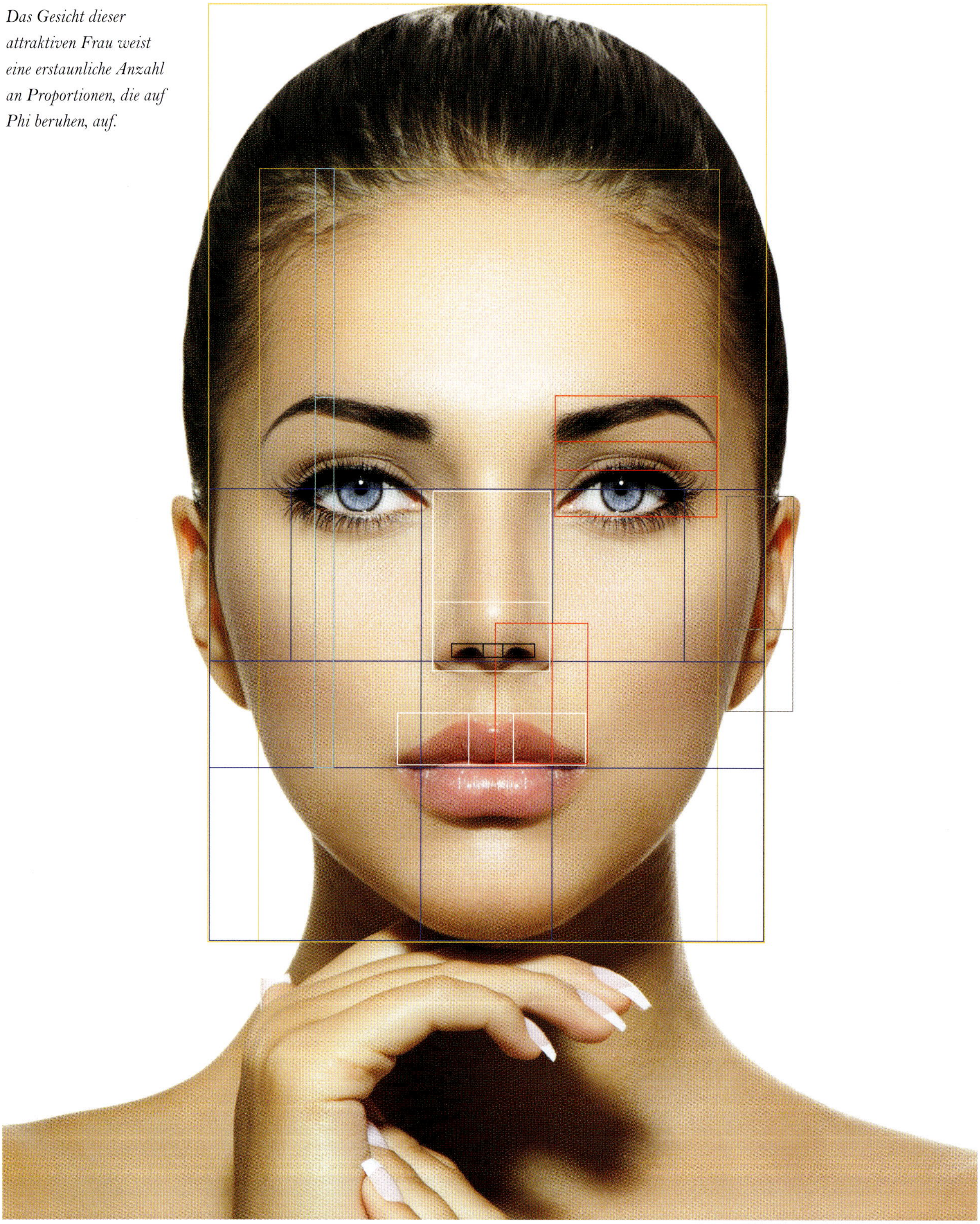

Karikaturisten spielen mit diesen Gesichtsproportionen und übertreiben Besonderheiten oder Defekte im Gesicht einer Person. In manchen Fällen stellten sie Personen dar, die sie als außerordentlich hässlich ansehen. Im Wesentlichen übersetzen sie die als negativ wahrgenommenen inneren Werte einer Person in ein äußeres Erscheinungsbild, indem sie zum Beispiel den Raum zwischen den Augen und der Nase verkleinern oder die Entfernung zwischen Nase und Mund vergrößern, wie man auf dem Gemälde *Eine groteske alte Frau* des flämischen Malers Quentin Massys sehen kann. Karikaturen zeigen, wie sensibel wir auf das reagieren, was wir als Norm im Zusammenhang mit den Proportionen eines Gesichtes empfinden, und wie unnatürlich ein Gesicht aussieht, wenn man diese auch nur leicht verändert, obwohl man die Person auf Anhieb wiedererkennt.

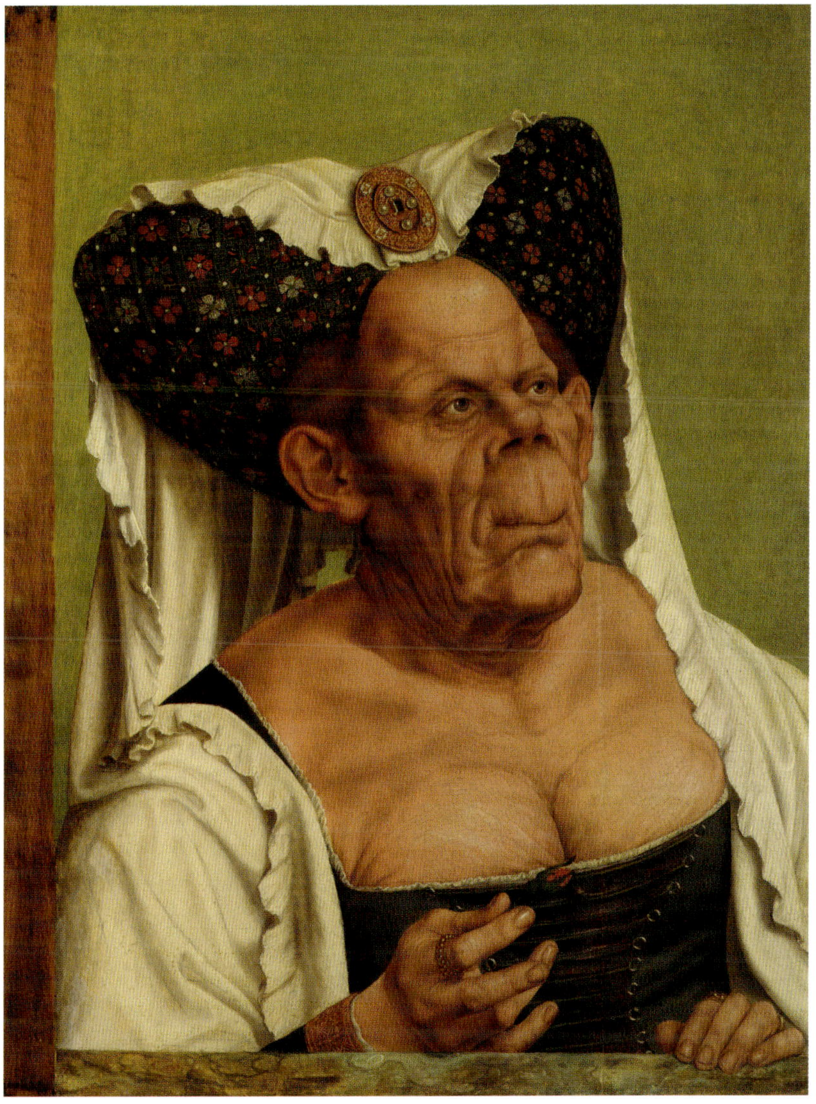

Eine groteske alte Frau *(1513) des flämischen Malers Quentin Massys.*

Als Dr. Eddy Levin, ein Pionier der Zahnästhetik, seine Praxis eröffnete, beschäftigte ihn die Frage, warum nach all den Anstrengungen, schiefe oder beschädigte Zähne natürlich aussehen zu lassen, diese oft immer noch falsch wirken. Dann hatte er plötzlich die Erleuchtung: Der Goldene Schnitt könnte helfen, die Zähne seiner Patienten natürlicher und schöner aussehen zu lassen! Er setzte dieses Heureka-Erlebnis in die Praxis um und testete seine Idee an einem Mädchen in dem Krankenhaus, in dem er unterrichtete. Ihre Vorderzähne waren in einem schrecklichen Zustand und benötigten eine Krone. Trotz der Skepsis der Mitglieder seines Teams und der Techniker verkronte er alle Vorderzähne nach dem Prinzip des Goldenen Schnittes – und der Erfolg war immens.

Dr. Levins Zahntechniker hielt weiter Vorträge über diese Praxis in der Zahnmedizin, während Dr. Levin die Entwicklung eines goldenen Zahnschemas vorantrieb. Basierend auf einer Reihe Goldener Verhältnisse, die die besten Proportionen darstellen, wenn man die Zähne von vorn betrachtet, erlauben es seine diagnostischen Raster Ärzten, die Zähne ihrer Patienten zu evaluieren und dementsprechend zu regulieren. Zum Beispiel sollte das Verhältnis der Breite der oberen mittleren Schneidezähne zu jener der seitlichen oberen Schneidezähne gleich Phi oder 1,618 sein.

Dr. Levins ermittelte mehrere Goldene Verhältnisse im Gesicht, wie jenes des Abstandes zwischen der Nase und dem Kinn zum Abstand zwischen Zähnen und Kinn.[9] Sein System gehört zu den Pflichtkenntnissen an vielen Universitäten in den USA, und Forschung und Praxis zeigen, wie nützlich der Goldene Schnitt in der Schönheitsindustrie tatsächlich sein kann.

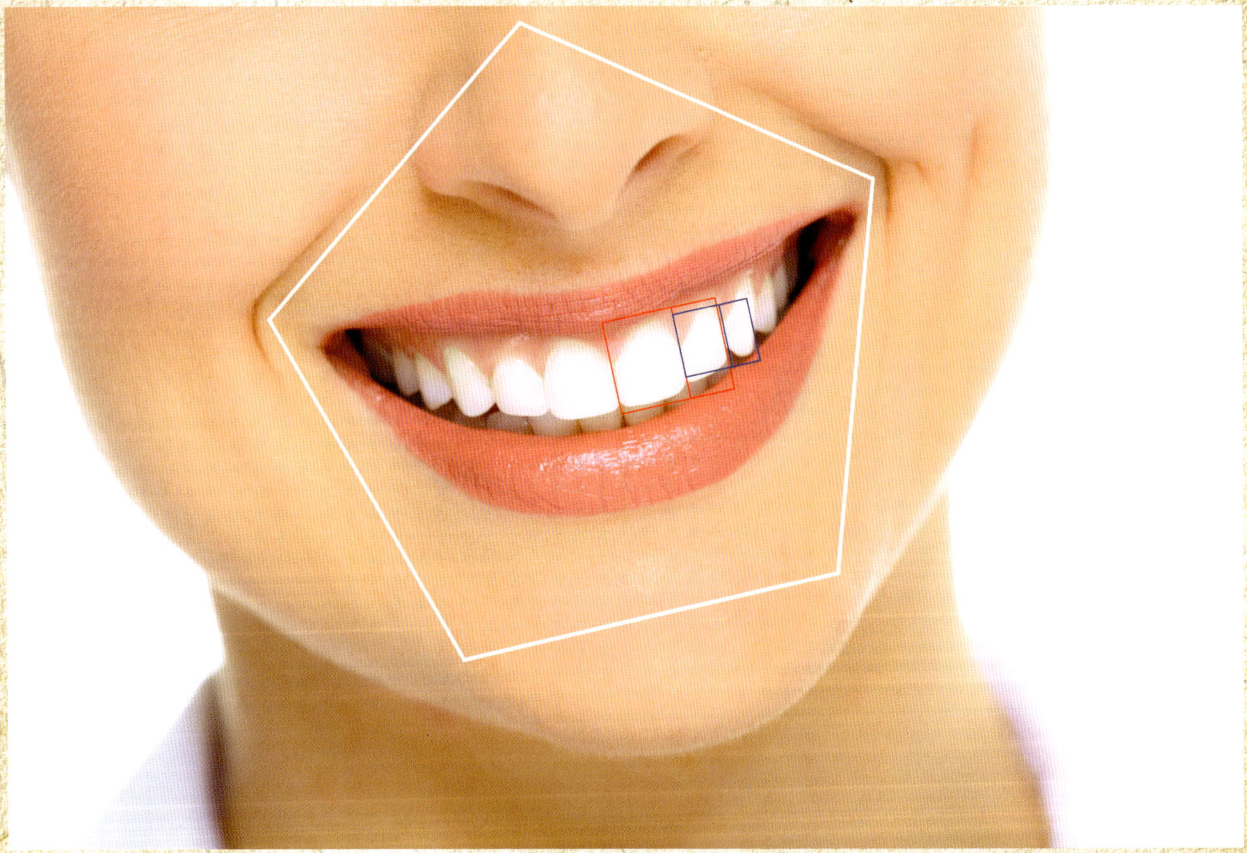

Eine attraktive Zahnreihe spiegelt den Goldenen Schnitt wider.

Die Ähnlichkeit zwischen einem Gesicht mit durchschnittlichen Proportionen und jenen Gesichtern, die die Gesellschaft als außerordentlich schön empfindet, führt zu einer weiteren Erkenntnis über die Attraktivität: Ein Gesicht mit durchschnittlichen Proportionen ist überraschend attraktiv, ja sogar schön! Jene Menschen, die von außergewöhnlicher Schönheit sind, haben aber meist außergewöhnliche Charakteristika, wie zum Beispiel feinere Züge bei den Augen, Lippen, Augenbrauen und der Nase. Das erklärt auch, warum die Verwendung von Make-up, um gewisse Gesichtsmerkmale herauszustreichen, einen erheblichen Unterschied dahingehend machen kann, als wie attraktiv eine Person wahrgenommen wird. Aber abgesehen von diesen Make-up-Verbesserungen ist es wichtig zu verstehen, dass unsere Gesichter aus in Wechselbeziehung stehenden Goldenen Proportionen bestehen – und zwar aus denselben Proportionen, die man verwendete, um außergewöhnlich schöne Kunstwerke und Bauten zu schaffen.

Wenn Sie sich also das nächste Mal im Spiegel betrachten, nehmen Sie sich einen Augenblick Zeit, um zu lächeln und um all Ihre Goldenen Proportionen zu betrachten. Und dann denken Sie einen Moment lang darüber nach, wie diese Sie mit jedem anderen menschlichen Wesen dieser Erde und der Schönheit des Lebens in den Pflanzen und Tieren, die überall in der Natur rund um Sie herum auftritt, verbindet.

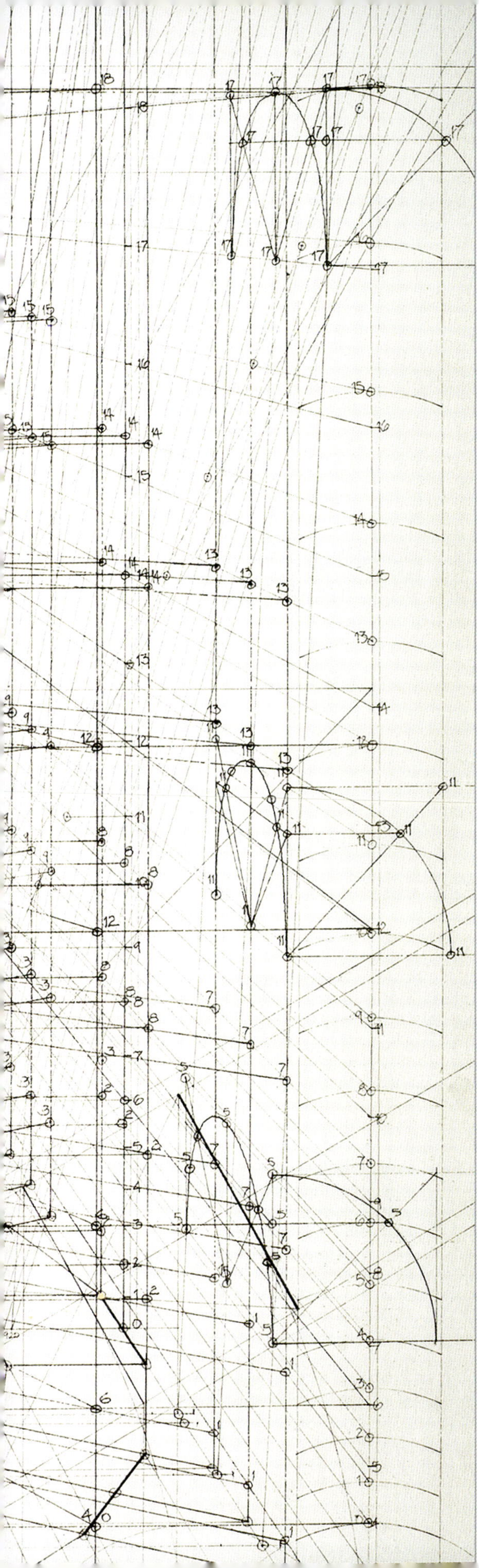

VI

EIN GOLDENES UNIVERSUM?

„Wo es Materie gibt,
gibt es auch Geometrie.“[1]

— Johannes Kepler

Rechts: *Diese Illustration einer (fiktiven) Beziehung zwischen den Umlaufbahnen der ersten sechs Planeten unseres Sonnensystems und den fünf platonischen Körpern findet sich in Johannes Keplers 1619 erschienenem Werk* Harmonices Mundi.

Das häufige Auftreten des Goldenen Schnittes bei lebenden Organismen ist faszinierend, doch es gibt andere Beispiele, die noch viel erstaunlicher sind. Wie schon in Kapitel 1 angesprochen, stellte der berühmte deutsche Mathematiker Johannes Kepler den Kosmos als eine Reihe ineinander verschachtelter platonischer Körper dar, wobei auf Phi beruhende Dodekaeder und Ikosaeder im Raum zwischen der Umlaufbahn der Erde und jener von Venus und Mars liegen. Obwohl es einen eleganten Versuch darstellte, die „Sphärenharmonie“ einzufangen, stimmte sein Modell nicht mit den beobachteten Bewegungen der Planeten überein. Jedoch war er schlussendlich erfolgreich mit der Entdeckung und Beschreibung der Bewegung der Planeten um die Sonne, was unser Verständnis des Kosmos vollkommen veränderte. Er hielt auch an der Ehrfurcht vor dem Goldenen Schnitt fest. Hätte dieser Genius, der eine regelrechte Revolution der Wissenschaft auslöste, noch mehr Geheimnisse des Universums lüften können, wenn er nur länger gelebt hätte?

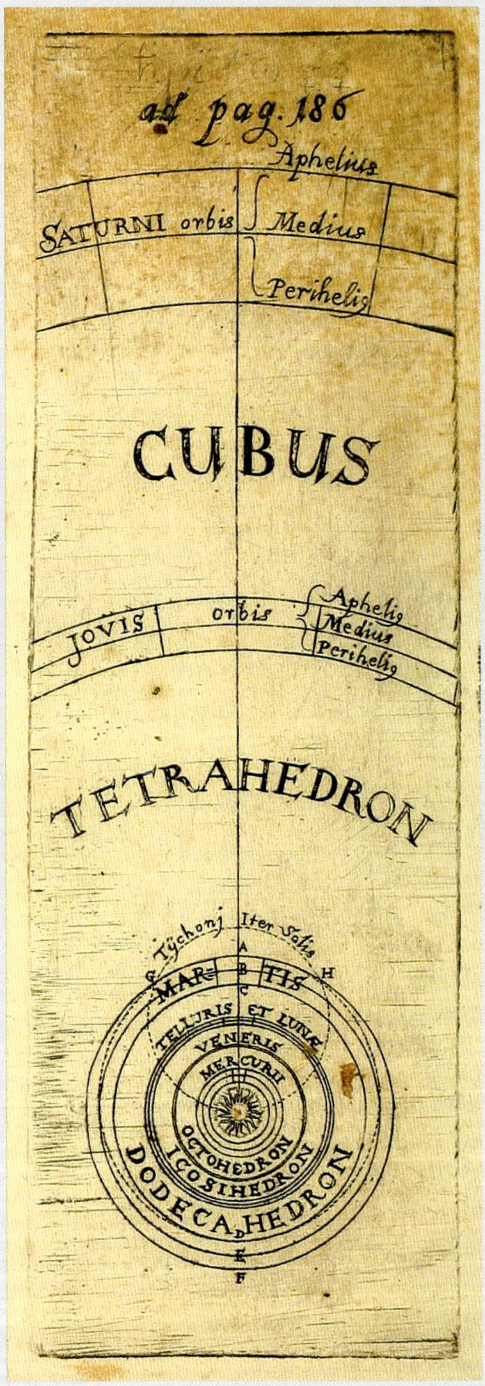

DER GOLDENE KOSMOS

Vor fast 2500 Jahren behauptete Platon in seinem *Timaios*, dass das physikalische Universum aus Erde, Wasser, Luft und Feuer besteht und dass jedes dieser Elemente mit einem bestimmten Polyeder in Verbindung steht. Der fünfte platonische Körper, das Dodekaeder, sollte die Form des Universums darstellen. Die moderne Wissenschaft hat gezeigt, dass diese Annahmen nicht korrekt waren, doch Platons intensive Auseinandersetzung mit der Natur der Wirklichkeit enthüllte andere wichtige Wahrheiten und Fragen, die zu neuen Entdeckungen führten. So zeigte 2003 eine Analyse der Daten der kosmischen Hintergrundstrahlung, aufgenommen durch die Raumsonde WMAP, durch Jean-Pierre Luminet und sein Team, dass die Form des Dodekaeders einige der beobachteten Daten besser erklären kann als andere Modelle.[2] Diese Hypothese lässt sich nicht mit Sicherheit bestätigen, aber es gibt andere eindeutige Erkenntnisse hinsichtlich der Struktur des Universums. Die für mich erstaunlichste steht im Zusammenhang mit den relativen Größen von Erde und Mond.

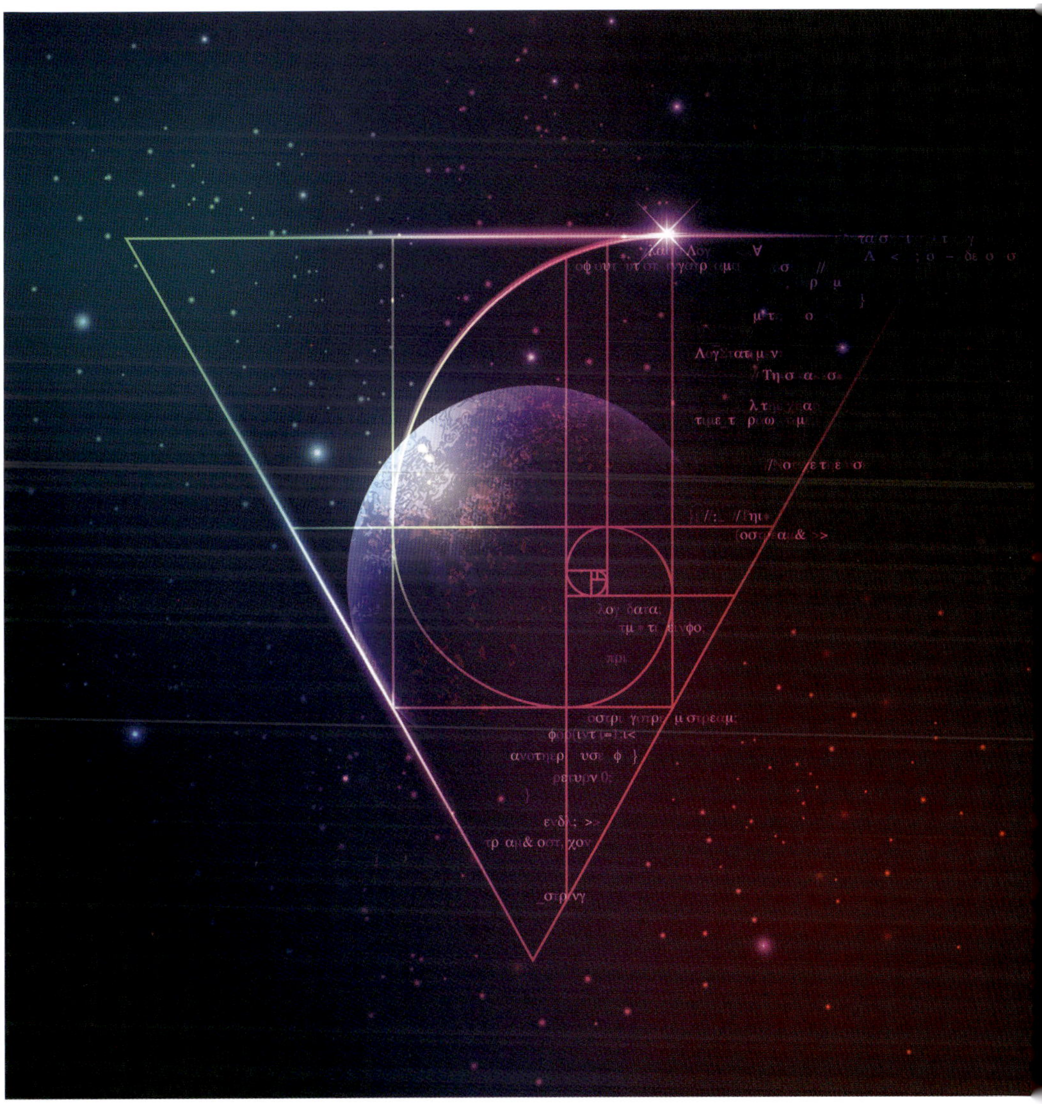

Wie wir in Kapitel 4 feststellten, stellt das Kepler-Dreieck die Proportionen der Großen Pyramide mit einer Abweichung von weniger als 0,2 Prozent dar. Dasselbe Dreieck beschreibt ein bemerkenswertes Verhältnis der Radien von Erde und Mond. Die folgenden Daten stammen von der National Aeronautical Space Agency (NASA):[3]

Erdradius (in Kilometern): 6.371,00
Mondradius (in Kilometern): 1.737,40

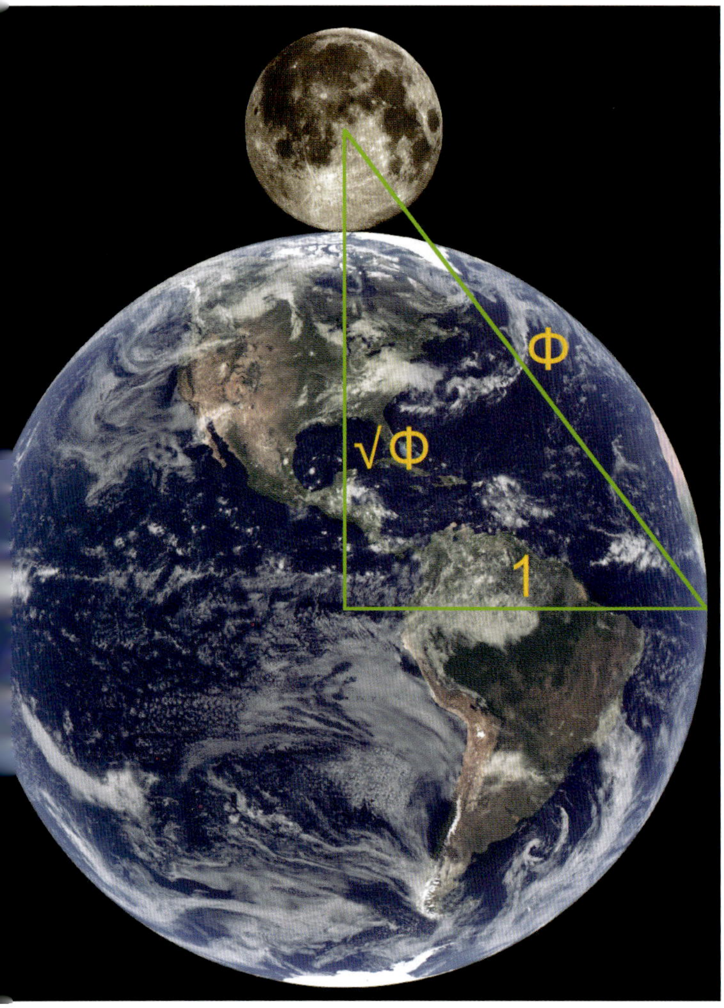

Um die relativen Größen zu visualisieren, stellen Sie sich den Mond direkt auf der Erde und eine Verbindungslinie, die die Mittelpunkte beider Planeten verbindet, vor. Stellen Sie sich nun eine Linie vor, die horizontal bis zum östlichsten Punkt des Erdumfanges verläuft, und verbinden Sie diesen Punkt mit dem Mittelpunkt des Mondes in Form eines Dreiecks.

Spiegelt dieses Dreieck tatsächlich wie das Kepler-Dreieck den Goldenen Schnitt wider, so sollte das Verhältnis der Höhe des Dreiecks (die Entfernung zwischen den Mittelpunkten der Erde und des Mondes ist gleich den beiden Radien) zur Länge der Grundlinie (Erdradius) gleich $\sqrt{\Phi}$, also annähernd 1,27202, sein. Aber ist das wirklich der Fall?

Es gibt einen leichten Weg, das herauszufinden – addieren Sie einfach die Radien von Erde und Mond und dividieren Sie das Ergebnis durch den Erdradius:

$$6.371{,}00 + 1.737{,}40 = 8.108{,}40$$
$$8.108{,}40 / 6.371{,}00 = 1{,}272\overline{70}$$

Die Abweichung zwischen dieser Zahl und $\sqrt{\Phi}$ beträgt nur 0,0538 Prozent.

DIE UMLAUFBAHNEN DER PLANETEN

Die Erde hat außerdem eine interessante Beziehung zur Venus, dem zweitnächsten Planeten im Sonnensystem. Sie weisen jeweils eine Bahnresonanz auf, die sie während acht Umläufen der Erde und dreizehn Umläufen der Venus fünfmal in dieselbe Position im Weltraum bringt. Fibonacci schlägt wieder zu! Zieht man in regelmäßigen Zeitintervallen eine Linie von der Venus zur Erde, ergibt das ein wunderschönes Muster von verschachtelten fünfblättrigen Blumen (siehe unten).

Ein ähnliches verschachteltes pentagonales Muster entsteht, wenn man die Positionen der Venus und der Sonne von einem geozentrischen Punkt aus betrachtet. Außerdem beträgt die Zeitspanne des Umlaufes der Venus 224,7 Tage, was in etwa 0,6152 Erdenjahren (365,256 Tage) entspricht[4,5] – eine Abweichung um nur 0,5 Prozent von $1/\Phi$.

GOLDENE STERNE

2015 beschäftigte sich ein Forschungsartikel[6] von John Lindner und seinem Team an der Universität von Hawaii mit der Entdeckung einer Klasse von weiß-blauen variablen Sternen, die in fraktalen Mustern mit einer Frequenz beinahe entsprechend dem Goldenen Schnitt pulsieren. Die Sterne gehören zu den variablen RR-Lyrae-Sternen, einer einzigartigen Klasse von Sternen, die mindestens zehn Milliarden Jahre alt sind und deren Helligkeit in der kurzen Zeitspanne von zwölf Stunden um 200 Prozent variieren kann. Einer dieser Sterne wurde vier Jahre lang jeweils in 30-Minuten-Intervallen mit einem Kepler-Teleskop beobachtet. Man fand heraus, dass er alle 4,05 und 6,41 Stunden charakteristische Frequenzen aufwies, was ein Verhältnis von 1,583 ergibt – eine Abweichung um nur 2,2 Prozent vom Goldenen Verhältnis. Man bezeichnet diese Sterne als „golden", weil das Verhältnis zweier ihrer Frequenzkomponenten den Goldenen Schnitt ergibt, wobei die offensichtlich irrationale Eigenschaft der relativen Frequenzen ein Hinweis darauf ist, dass das Pulsieren fraktal zur Zeit ist.

Um dies zu bestätigen, führte das Team um Lindner eine Fraktalanalyse der Vorgänge mit verschiedenen Vergrößerungen durch. Dazu wandelten sie die Vorgänge in Frequenzspektren um und zählten dann die Zahl der Ausschläge, die eine gewisse Schwelle überschritten, mit einem Potenzgesetz abhängig von der Schwelle, die einen Hinweis auf fraktales Verhalten darstellt. Die Pulsfrequenzen schlossen sich zu fraktalen Mustern zusammen, und wenn man die Oszillationen zerlegte, konnten zusätzliche, schwächere Frequenzen identifiziert werden. Die Forscher beschrieben die schwächeren Frequenzen so, als folgten sie einem Muster, ähnlich der Küstenlinien, die unterschiedlich zerklüftet erscheinen, je nachdem aus welcher Entfernung man sie betrachtet. Die Autoren sind der Ansicht, dass dieses fraktale Pulsieren Informationen über die Beschaffenheit der Oberflächen von Sternen, etwa hinsichtlich Veränderungen der Opazität, enthalten könnte.

Es ist immer noch nicht geklärt, ob Sterne aus einem bestimmten Grund in fraktalen Mustern pulsieren. Wenn es wirklich so sein sollte, warten ganz sicher noch andere Hinweise in der Astrophysik auf ihre Entdeckung.

Gegenüber: *Diese Graphik zeigt die Position von RR-Lyrae-Sternen auf dem Hertzsprung-Russell-Diagramm, das die Farbe und Helligkeit von verschiedenen Sternenklassen vergleicht.*

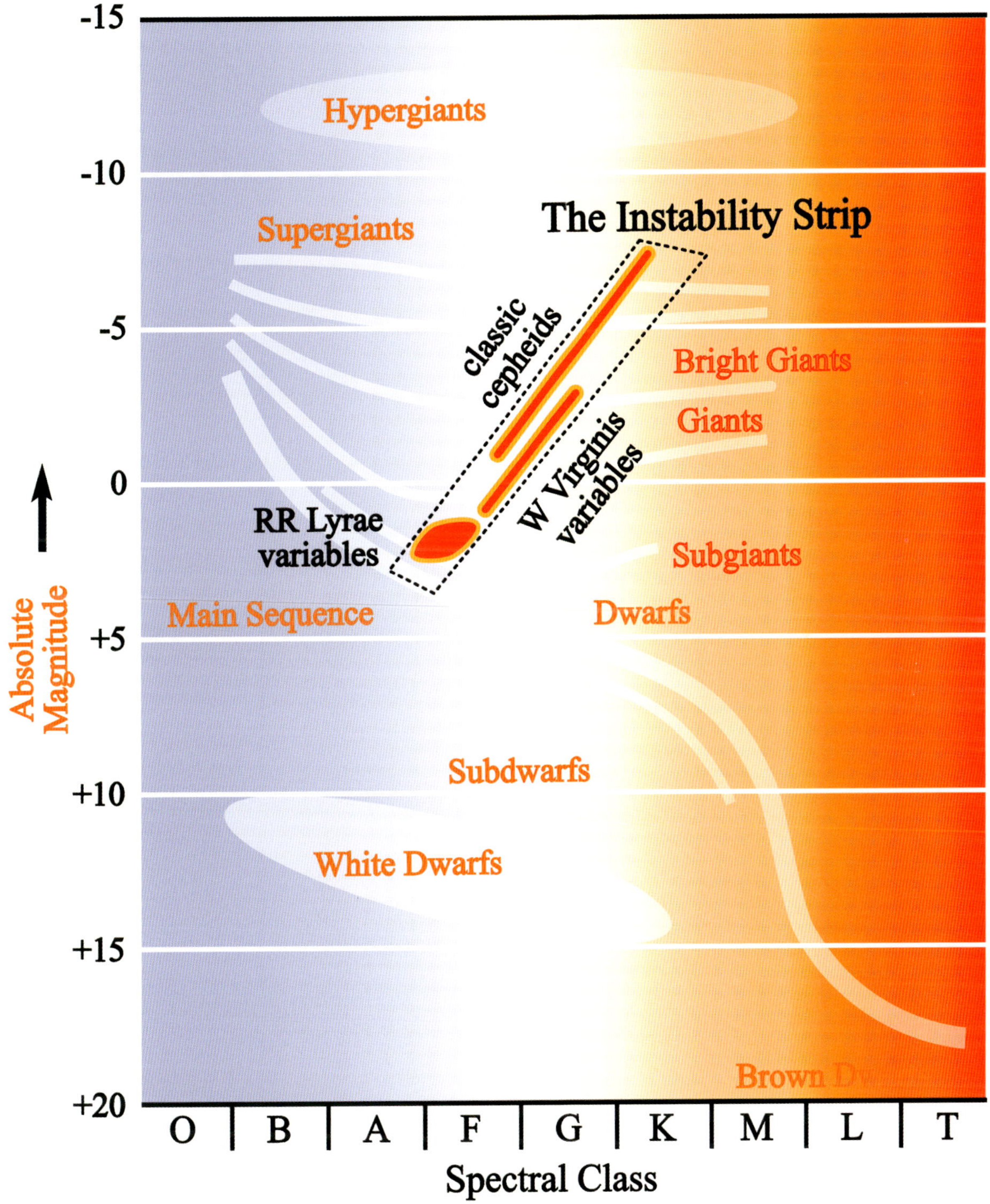

-15
-10
-5
0
+5
+10
+15
+20
Absolute Magnitude
Hypergiants
Supergiants
The Instability Strip
classic cepheids
W Virginis variables
RR Lyrae variables
Bright Giants
Giants
Subgiants
Main Sequence
Dwarfs
Subdwarfs
White Dwarfs
O
B
A
F
G
K
M
L
T
Spectral Class

SCHWARZE LÖCHER

1958 beschrieb der amerikanische Physiker David Finklestein Schwarze Löcher als Regionen im Weltraum, in denen die Eigenanziehung so stark ist, dass nichts – nicht einmal Licht – ihr entkommen kann. Man vermutet, dass sie auftreten, wenn massive Sterne kollabieren. Und dass sie, nachdem sie wieder andere Sterne verschlungen und sich mit anderen Schwarzen Löchern vereinigt haben, zu hochmassiven Schwarzen Löchern werden. Viele Physiker glauben, dass diese übergroßen Schwarzen Löcher im Zentrum der meisten Galaxien existieren, auch in der Milchstraße. Im Laufe der Zeit versuchten sie, die bemerkenswerten physikalischen Eigenschaften der Schwarzen Löcher, inklusive Masse und Drehimpuls (d. h. Rotationsgeschwindigkeit), mathematisch zu beschreiben.

Gegenüber: *Die Darstellung eines hochmassiven schwarzen Loches im Zentrum einer Galaxie durch einen Künstler.*

In seinem 1989 veröffentlichten Artikel *Classical and Quantum Gravity*[7] vermutete der englische Astrophysiker Paul Davies, dass im Transitionspunkt eines sich drehenden Schwarzen Loches ein auf Phi basierendes Verhältnis von einem Zustand zum anderen existiert, etwa wenn der Zustand der Erwärmung in den Zustand der Auskühlung übergeht. Genauer gesagt behauptete er, dass die Transition geschieht, wenn das Quadrat seiner Masse gleich 1/Φ Mal das Quadrat seines Drehimpulses ist. Andere Physiker zweifelten seine Behauptung jedoch an.

Andere Erforscher Schwarzer Löcher erstellten zahlreiche Gleichungen mit Phi als Konstante, darunter Norman Cruz, Marco Olivares und J. R. Villanueva von der Universität von Santiago, Chile. 2017 präsentierten sie in dem Artikel „The Golden Ratio in Schwarzschild-Kottler Black Holes“ [8] den Nachweis, dass Phi in der Bewegung von Partikeln innerhalb Schwarzer Löcher aufscheint, besonders im Verhältnis der größten und kleinsten Distanz zwischen zwei Photonen, die sich mit maximaler Beschleunigung umkreisen.

2011 zeigte ein Artikel[9] von J. A. Nieto von der Autonomen Universität von Sinaloa in Mexiko eine überraschende Verbindung zwischen Schwarzen Löchern und dem Goldenen Schnitt. Beim Versuch, deren Eigenschaften in der vierten Dimensionen zu beschreiben, entdeckte er diese Formel:

$$\begin{vmatrix} 1-\Phi & 1 \\ 1 & -\Phi \end{vmatrix} = \Phi^2 - \Phi - 1 = 0$$

Nieto erkannte diese berühmte Formel sofort, und abgesehen davon, dass er damit eine Verbindung zwischen dem Goldenen Schnitt und Schwarzen Löchern aufstellte, trug er so dazu bei, die Charakteristika des Ereignishorizontes von Schwarzen Löchern, das heißt des Punktes, an dem die Eigenanziehungskraft massiver Objekte so groß wird, dass ein Entkommen unmöglich ist, zu definieren.

AUF PHI BASIERENDE MATERIE?

Diese digitale Illustration zeigt eine Ansammlung von winzigen Buckminster-Fullerenen in Graphen (siehe Seite 195).

Auf der Reise vom Weltraum zur mikroskopisch kleinen Welt der molekularen Strukturen trifft man auf Quasikristalle, Fullerene und andere Formen von Materie, die in der Anordnung von Atomen und Molekülen ganz deutlich den Goldenen Schnitt aufweisen.

QUASIKRISTALLE

1982 zeichnete der Wissenschaftler Dan Shechtman ein Bild mit einem Rasterelektronenmikroskop auf, das den Grundannahmen auf dem Gebiet der Kristallographie, einem Zweig der Chemie, der kristalline Körper erforscht, zu widersprechen schien. Es tauchten zehn helle Punkte in jedem Zyklus auf, die ein Beugungsmuster mit zehnzähliger Symmetrie aufwiesen. Das Wissen jener Zeit war auf dem Stand, dass Kristalle nur eine zwei-, drei-, vier- und sechzählige Symmetrie aufweisen können – Shechtmans Entdeckung änderte alles. Seine Entdeckung war derart unglaublich, dass man in bat, seine Forschergruppe zu verlassen, als er sie publizieren wollte. Aber er gab nicht auf, und mit der Zeit waren andere Wissenschaftler gezwungen, ihr Verständnis von Materie zu revidieren. Aufgrund der bereits bekannten Eigenschaften von Penrose-Kacheln begannen sie, Shechtmans Entdeckungen ernst zu nehmen.

Shechtman (ganz links) spricht bei einem Meeting am National Institute of Standards and Technology (NIST) 1985 über die atomare Struktur von Quasikristallen.

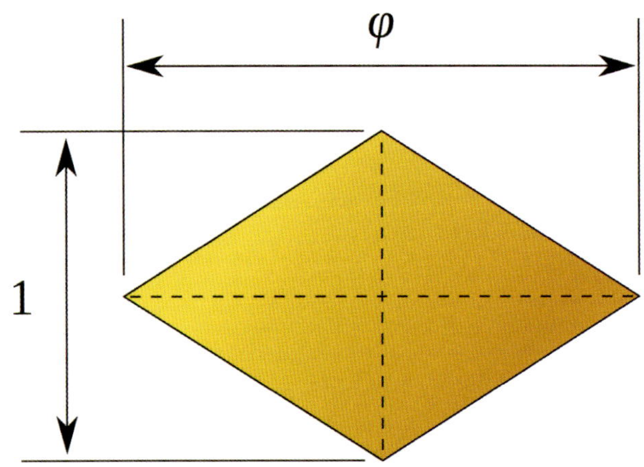

Die Struktur der meisten Kristalle in der Natur, darunter Zucker, Salz und Diamanten, ist perfekt symmetrisch und periodisch und weist immer dieselbe Ausrichtung auf. Quasikristalle sind jedoch asymmetrisch und aperiodisch. Ihre Entdeckung stellte einen völlig unerwarteten neuen Zustand von Materie mit einer Kombination kristalliner und nicht-kristalliner Eigenschaften dar. Shechtman hatte Quasikristalle zuerst in einer Aluminium-Mangan-Legierung (Al_6Mn) entdeckt; seither beobachtete man hunderte Quasikristalle in anderen Substanzen, viele davon Legierungen auf Aluminium-Basis. Der erste natürlich vorkommende Quasikristall, Ikosaedrit, wurde 2009 in Russland entdeckt.[10]

Um Körper mit Fünffach-Symmetrie in der zweidimensionalen Penrose-Parkettierung anzuordnen, braucht man zwei Hilfsformen: Pfeil und Drachen. Im dreidimensionalen Raum gelingt das mithilfe nur einer Form: eines sechseitigen dreidimensionalen Diamanten mit Goldenen Proportionen.

Verschiedene Quasikristalle weisen unterschiedliche Formen auf. In der Abbildung unten bildet ein Ho-Mg-Zn-Quasikristall ein Dodekaeder mit regelmäßigen Fünfecken als Seiten.

Oben: *Ein dreidimensionaler Goldener Rhombus bildet die strukturelle Basis für einige Quasikristalle.*

Rechts: *Dieses Foto vergleicht die Größe des Ho-Mg-Zn-Quasikristalls (Holium-Magnesium-Zink) mit der einer Cent-Münze. Laut Energieministerium der USA besitzt dieses neue Material ein höheres Verwendungspotenzial für sich bewegende mechanische Teile als eine Beschichtung mit niedriegem Reibungskoeffizienten.*

Fast drei Jahrzehnte nach der Entdeckung der Quasikristalle wurde Shechtman mit dem Nobelpreis für Chemie ausgezeichnet. Seither beschäftigt sich die Wissenschaft auch mit dem mittelalterlichen islamischen Palast Alhambra in Spanien und dem Gräberfeld des Darb-e-Imam-Schreines im Iran, die wunderschöne aperiodische, auf Phi basierende Mosaike aufweisen. Mit Shechtmans Entdeckung der Quasiperiodizität wird eine völlig neue Klasse von festen Körpern und Symmetrien in jeder Dimension möglich!

Unten: *Diese fünf Girih-Kacheln werden in der islamischen Architektur seit fast tausend Jahren für aperiodische geometrische Muster verwendet, darunter finden sich auch Formen wie das Fünfeck und der Goldene Rhombus.*

Oben: *Das elektronische Beugungsmuster des Ho-Mg-Zn-Quasikristalles enthüllt seine Fünffach-Symmetrie. Interessant ist auch das zahlreiche Vorkommen von Pentagrammen, Fünfecken und anderen auf Phi basierender Formen in dem darüberliegenden Diagramm.*

Unten: *Diese Girih-Muster befinden sich an den Wänden des Tuman-Aka-Mausoleums in der Nekropole Shohizinda in Samarkand, Usbekistan.*

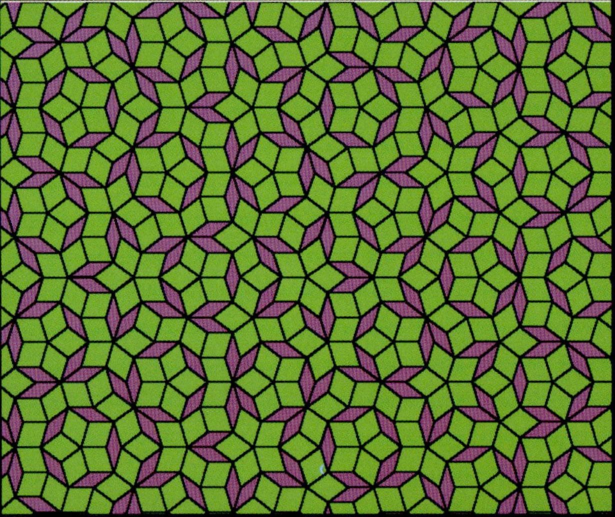

Quasiperiodizität mit fünfzähliger Symmetrie.

Quasiperiodizität mit siebenzähliger Symmetrie.

Quasiperiodizität mit elfzähliger Symmetrie.

Quasiperiodizität mit siebzehnzähliger Symmetrie.

BUCKMINSTER-FULLERENE

Wie bereits in Kapitel 3 erwähnt, enthielt Luca Paciolis bahnbrechende Publikation über die „göttliche Proportion" von da Vinci gezeichnete Illustrationen dreidimensionaler gitterartiger Körper, unter anderem der auf Phi basierenden Dodekaeder und Ikosaeder. Darunter befanden sich auch die 13 archimedischen Körper, wovon einer einem modernen Fußball ähnlich sieht (siehe Seite 61). Dieser dreidimensionale Körper wird *Ikosaederstumpf* genannt und besteht aus zwölf Fünf- und 20 Sechsecken.

1985 verkündeten die Chemiker Robert F. Curl, Harry Kroto und Richard Smalley die Entdeckung eines Kohlenstoffmolekühls (C_{60}) mit der Struktur eines archimedischen Ikosaederstumpfes. Sie benannten es nach dem amerikanischen Architekten und Futuristen Buckminster Fuller, der die geodätische Kuppel bekannt gemacht hatte. Wie das Dodekaeder und das Ikosaeder spiegelt das Buckminster-Fulleren (auch „Buckyball" genannt) in seinen Abmessungen den Goldenen Schnitt wider. Trägt man die 60 Eckpunkte eines im Ursprung eines dreidimensionalen kartesischen Koordinatensystems zentrierten Moleküls ein, sind alle 60 Koordinaten ein Vielfaches von Φ:

$$X\,(0, \pm 1, \pm 3\Phi)$$
$$Y\,(\pm 1, \pm[2 + \Phi], \pm 2\Phi)$$
$$Z\,(\pm 2, \pm[1 + 2\Phi], \pm\Phi)$$

Die Struktur des Kohlenstoffmoleküls Buckminster-Fulleren spiegelt jene des auf Phi basierenden archimedischen Ikosaederstumpfes wider.

QUANT PHI

Im Januar 2010 veröffentlichte Dr. Radu Coldea von der Oxford University einen Artikel über das Aufscheinen des Goldenen Schnittes bei Festkörpern.[12] Er erklärte, Partikel in der Größe von Atomen verhielten sich nicht wie jene in der makro-atomaren Welt, wobei neue Eigenschaften als Resultat der Heisenberg'schen Unschärferelation aufträten. Durch die künstliche Einführung einer größeren Quantenunsicherheit bei Experimenten mit Cobalt-Niobit brachte eine Kette von Atomen ähnlich wie eine Nano-Gitarrensaite eine Reihe von klingenden Tönen hervor, von denen die ersten zwei ein Frequenzverhältnis von 1,681 aufwiesen. Coldea ist überzeugt, dass dies kein Zufall, sondern die wunderschöne Eigenschaft einer verborgenen Symmetrie dieses Quantensystems, bekannt als E_8, ist. E_8, eine außergewöhnlich einfache Lie-Gruppe, steht in Beziehung zum Goldenen Schnitt, wie aus den konzentrischen Halbkreisen in blau, rot, gold und weiß (obere Hälfte der Struktur) ersichtlich wird, wobei ein Muster ähnlich wie bei der Rosette von Notre-Dame entsteht.

Rechts: *Eine Illustration der E_8-Coxeter-Ebenenprojektion der 4_{21} semiregulären Polytope, die 1900 vom englischen Mathematiker Thorold Gosset entdeckt wurden und die eine 30-zählige Symmetrie und Goldene Proportionen aufweisen.*

Gegenüber und folgende Seite: *Die Coxeter-Ebenenprojektion der 4_{21} Polytope erinnert an die auf Phi beruhenden Proportionen der wundervollen Nord-Rosette der Kathedrale Notre-Dame.*

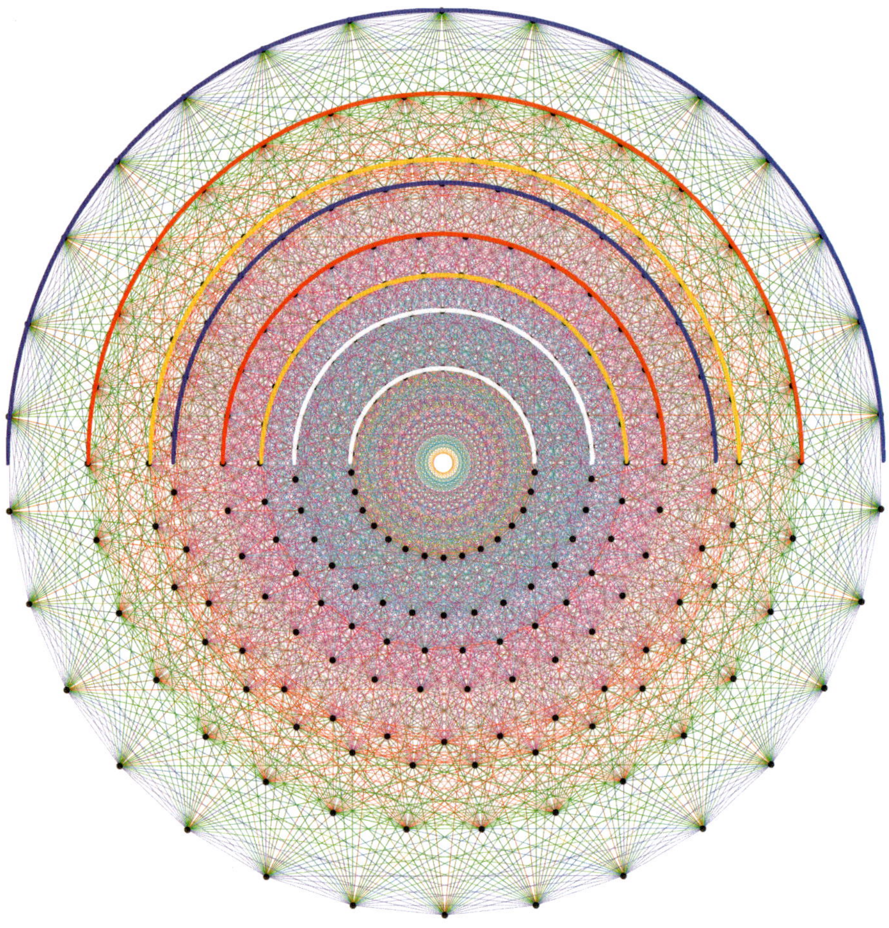

Manche sind der Meinung, dass die Fibonacci-Zahlen ihnen beim Glücksspiel oder Wetten einen Vorteil verschaffen. Die Wahrheit ist, dass die Ergebnisse bei Glücksspielen reiner Zufall sind und sie keine besondere Verbindung zur Fibonacci-Folge haben.

Es gibt jedoch Wettsysteme, die verwendet werden, um die beste Art, wie Wetten platziert werden sollten, zu ermitteln, und die Fibonacci-Folge ist eine Variation des Martingale, einer Spielstrategie, die oft für Wetten angewandt wird, bei der sich die Wahrscheinlichkeit des einen oder anderen Ergebnisses 50 Prozent annähert, wie beim Münzwurf. Der Spieler verdoppelt seinen Einsatz nach jeder Runde, bis er schlussendlich all seine Verluste wieder zurückgewinnt. Beim Fibonacci-System, das oft im Casino oder beim Online-Roulette angewandt wird, folgt das Wettmuster der Fibonacci-Folge, indem bei jeder Wette die Summe der zwei vorhergehenden Wetteinsätze gesetzt wird, bis man gewinnt, wobei an diesem Punkt der Wetteinsatz um zwei Zahlen in der Folge zurückgeht, da deren Summe gleich des vorangegangenen Wetteinsatzes ist. Mit dem Fibonacci-System sind die Wetteinsätze geringer als beim Martingale, aber es deckt nicht alle Verluste ab, wenn es schlecht läuft.

Wettsysteme ändern aber nichts an den grundlegenden Chancen bei einem Spiel, die immer zugunsten des Casinos oder der Lotterie ausfallen. Sie helfen nur, methodischer zu wetten (siehe Beispiel oben).

RUNDE	Szenario 1	Szenario 2	Szenario 3
Wette 1	Setze 1 und verliere	Setze 1 und verliere	Setze 1 und gewinne
Wette 2	Setze 1 und verliere	Setze 1 und verliere	Setze 1 und gewinne
Wette 3	Setze 2 und gewinne	Setze 2 und verliere	Setze 1 und verliere
Wette 4	–	Setze 3 und gewinne	Setze 1 und verliere
Wette 5	–	–	Setze 2 und gewinne
NETTOERGEBNIS	**0**	**Minus 1**	**Plus 2**

In den Computerwissenschaften ist die Fibonacci- Suchtechnik nützlich, um eine sortierte Liste von Einträgen in einem Feld nach einem bestimmten Eintrag zu durchsuchen. Ein Fibonacci-Heap ist eine Datenstruktur für eine Vorrangwarteschlange, die sicherstellt, dass Elemente mit hoher vor jenen mit niedriger Priorität entnommen werden, und sie hat eine bessere Leistung als viele andere Vorrangwarteschlangen – somit wird die Laufzeit des Computerprogramms verringert und komplexe Routing-Probleme in Kommunikationsnetzwerken gelöst.

Aber es gibt noch andere Bereiche, in denen der Goldene Schnitt und die Fibonacci-Folge verwendet werden. So werden dieselben mathematischen Verhältnisse, die man in Pflanzenspiralen und Kunstwerken der Renaissance findet, auf Analysen des Börsenmarktes, von Währungskursen und anderer Finanzinstrumente angewendet. Finanzmärkte weisen Muster aus ökonomischen Zyklen mit teilweise jahrelangen Zeitspannen auf. Dabei sind manchmal bei individuellen Aktien oder Währungen, die an einem Tag gehandelt wurden, Muster ersichtlich, die dem Goldenen Schnitt oder der Fibonacci-Folge entsprechen. Diese Muster auf täglicher oder wöchentlicher Basis können als fraktaler Ausdruck derselben Bewegungen über einen längeren Zeitraum hinweg gesehen werden. Einige Händler glauben, dass diese Wellenmuster das Timing von Hoch- und Tiefkursen sowie das Eintreten von Preisresistenzen an der Börse bestimmen.

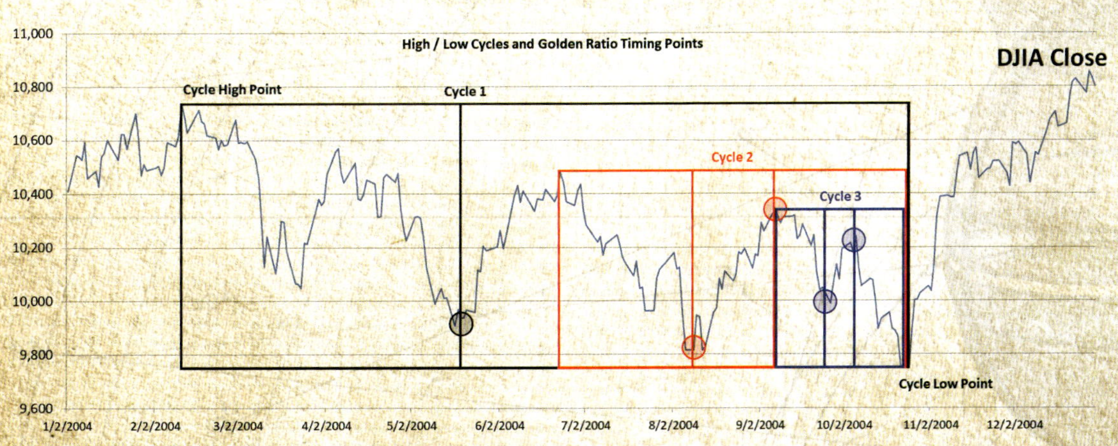

Auf diesem Diagramm, das ich gemäß den Tagesschlusskursen des Dow-Jones-Index von 2004 erstellte, sieht man auf Phi basierende Muster in der Abfolge von Hoch- und Tiefkursen.[13]

Unten sieht man ein Diagramm mit den durchschnittlichen Tagesschlusskursen des Dow-Jones-Index des Jahres 2008.[14] Das rote Rechteck umgibt den höchsten und den niedrigsten Wert des Jahres, und die zwei Goldenen Schnitte bestimmen die Preisresistenz. Wie zu sehen ist, stoppte der Preisverfall zwischen April und Mitte Juli genau am oberen Punkt der goldenen Preisresistenzlinie. Als der Preis im September unter beide Resistenzlinien fiel, stieg er anschließend maximal bis zur unteren goldenen Preisresistenzlinie, bevor er wieder fiel. Natürlich sind solche Muster im Nachhinein viel leichter zu erkennen, aber Analysten verwenden häufig Indikatoren wie diese, um künftige Trends zu definieren.

Aber Vorsicht: Der Goldene Schnitt ist keine „Wunderwaffe" für Erfolg in der Kunst, und er ist auch nur eines von vielen Werkzeugen bei der Analyse von Finanzmärkten. Umsichtige Investoren verwenden unterschiedliche Werkzeuge und Techniken, um ihre Erträge zu optimieren und Risiken zu mindern. Viele Händler glauben, ihre Erfolgsrate im Handel zu erhöhen und ihre gesamte finanzielle Performance zu steigern, indem sie dieses Wissen über einen möglichen Preisknick am Markt mit anderen Analysen kombinieren.

Die Arbeit des mathematischen Psychologen Vladimir A. Lefebvre lässt vermuten, dass die Muster, die man bei Finanzmärkten erkennen kann, mehr als Zufallstreffer sein könnten. Sein 1992 veröffentlichtes Buch *A Psychological Theory of Bipolarity and Reflexivity*[15] *(Eine psychologische Theorie über Bipolarität und Reflexivität)* beschreibt, dass Menschen positive und negative Evaluierungen ihrer Meinungen vornehmen, die sich dem Verhältnis von Φ annähern – 62 Prozent positiv, 38 Prozent negativ. Veränderungen in Aktienpreisen reflektieren im Großen und Ganzen menschliche Meinungen, Bewertungen und Erwartungen. Das könnte also diese Verbindung erklären.

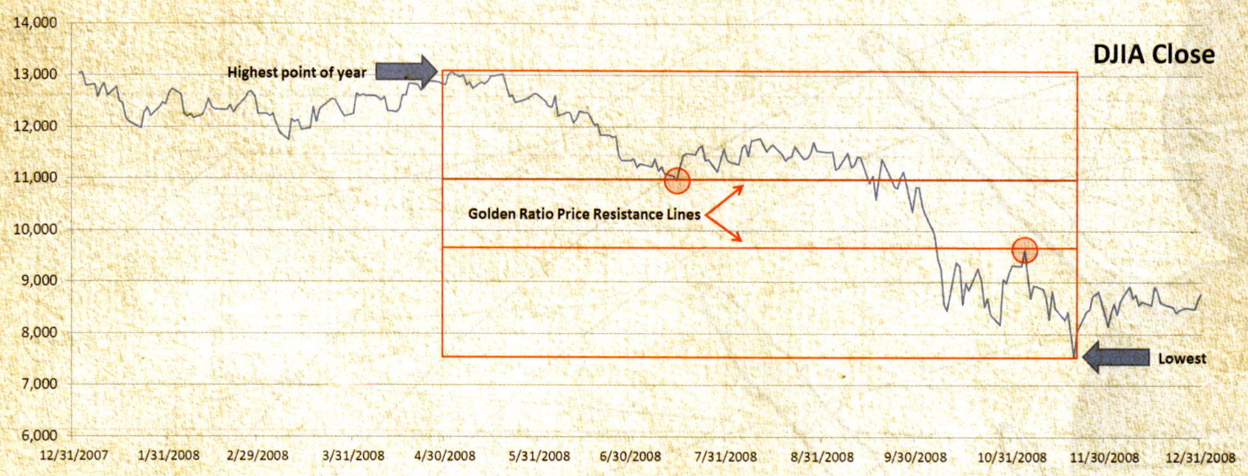

DIE GOLDENE FRAGE

Blicken wir auf die vielen Entdeckungen der Menschheit im Laufe der Zeit zurück, wird klar, dass unser Universum von mathematischen Gesetzen bestimmt wird, ob golden oder nicht. Ob Kepler'sche Gesetze über die Umlaufbahnen der Planeten, Einsteins Relativitätstheorie oder die optische Mathematik unserer Augen – alles, was wir im physikalischen Universum erleben, kann mathematisch vermessen und beschrieben werden.

Was den Goldenen Schnitt betrifft, erfuhren wir, wie er die Fantasie von unzähligen Mathematikern, Künstlern, Designern, Universalgelehrten, Biologen, Chemikern und sogar Wirtschaftsexperten mit seiner einzigartigen Schönheit fesselte. Er spiegelt sich in einigen der größten Kunstwerke und Bauten der Menschheitsgeschichte wider. Nicht alles basiert auf dem Goldenen Schnitt, doch wie oft er auftaucht, ist wirklich erstaunlich, und ganz sicher gibt es mit fortschrittlicherer Technik und dem wachsenden Wissen über das physikalische Universum in diesem Zusammenhang noch viel mehr zu entdecken.

Wenn Sie eigene Nachforschungen zu diesem Thema vornehmen, werden Sie auf Menschen treffen, die der Meinung sind, der Goldene Schnitt sei eine universelle Konstante, die alles bestimme. Wieder andere werden sagen, dass sogar die Nachweise, die ich in diesem Buch erbrachte, nicht stimmen. Das ist Ihre goldene Gelegenheit, alles, was Sie gesehen und gelernt haben, sorgfältig in Betracht zu ziehen, zu Ihren eigenen Schlüssen zu gelangen und dann die Implikationen abzuwägen.

Vielleicht stellen Sie sich die Frage, warum es diese Kontroverse überhaupt gibt. Wie und warum konnte diese einzigartige Zahl, die man in den Schriften eines Mathematikers des antiken Griechenlands über eine einfache geometrische Konstruktion entdeckte, so eine ausgedehnte, leidenschaftliche Diskussion und so viel Uneinigkeit entfachen? Die Antwort könnte in der simplen Tatsache liegen, dass Phi in seiner besonderen Art die grundlegendsten Fragen der Philosophie und des Sinnes des Lebens berührt. Entdecken wir übereinstimmende Merkmale im mathematischen Aufbau von Dingen in unserer Welt, besonders wenn sie unerwartet oder unerklärlich scheinen, wirft das die Frage auf, ob vielleicht etwas Größeres als der Zufall am Werk gewesen sein könnte – ein größerer Entwurf, ein Leitkonzept oder sogar ein Schöpfer. Andere sehen dieselben Beobachtungen als Zufälle, die aus natürlichen Adaptierungs- und Optimierungssprozessen entstehen. Jeder von uns hat sein Glaubenssystem, das unsere Interpretation dessen, was wir sehen und hören, beeinflusst, egal wie viele Beweise für das Gegenteil erbracht werden. Die fundamentalen Fragen, woher wir kommen, warum wir hier sind und wohin wir gehen, sind Mysterien, über die wir alle unvoreingenommen und mit offenem Herzen nachdenken müssen.

Es gibt jedoch beim Goldenen Schnitt einen wichtigen Aspekt, der eine allgemeine, universell gültige Antwort liefert – und der hat mit unserer Wahrnehmung von Schönheit zu tun. Für einige liegt Schönheit in den besonderen Eigenschaften der Mathematik und der Geometrie oder der Kreation eines perfekten fraktalen Musters. Manche nehmen Schönheit bewusst oder unbewusst in der Natur oder im menschlichen Gesicht wahr. Für andere zeigt sie sich in Kunstwerken und Designs.

Was auch immer als schön wahrgenommen wird, es bleibt die Frage, wie und warum wir Schönheit überhaupt wahrnehmen. Warum haben wir die angeborene Fähigkeit, Schönheit zu erkennen, und warum haben wir das Bedürfnis, sie auszudrücken? Aus evolutionärer Sicht könnte man argumentieren, Schönheit sei ein Indikator für Gesundheit, und von gesunden Dingen angezogen zu werden, resultiere in besseren Überlebensentscheidungen, etwa dahingehend, welche Frucht man isst oder welchen Partner man wählt. Das ist logisch – aber welchen evolutionären Vorteil bringt die Wertschätzung eines Sonnenunterganges, eines beeindruckenden Kunstwerkes oder eines Liedes, das Ihr Innerstes berührt? Wenn wir ehrlich sind, erkennen die meisten, dass es einen Aspekt in der menschlichen Erfahrung gibt, der über die Fakten hinausgeht, die wir in den wissenschaftlichen, naturalistischen Erklärungen unserer körperlichen Existenz finden. Für mich und für viele andere im Laufe der Geschichte ist bzw. war der Goldene Schnitt ein Licht in der Dunkelheit, das uns zu einer neuen Sicht und einem tieferen Verständnis von allem, was uns umgibt – und was in uns ist –, führt.

In diesem Buch behandelte ich nur einige Bereiche, in denen der Goldenen Schnitt zu finden ist, sowie einige Arten, wie man ihn anwenden kann. Laufend werden immer neue Erscheinungsformen und Anwendungen in einer erstaunlichen Anzahl von Bereichen entdeckt. Der beste Weg für Sie herauszufinden, wann es sich tatsächlich um den Goldenen Schnitt handelt und wann er nur der Fantasie entspringt, ist, unvoreingenommen an die Sache heranzugehen, alles zu lernen, was möglich ist, und zu Erkenntnissen zu gelangen, die wirklich Ihre eigenen sind.

Wenn Sie diese Entdeckungsreise unternehmen, ziehen Sie die Erkenntnisse jener in Betracht, die die Reise vor Ihnen machten. Euklid entdeckte die Grundprinzipien der Geometrie, die die Menschen tausende von Jahren inspirierten. Leonardo da Vinci und andere Meister der Renaissance schufen eine Verbindung von Mathematik und Kunst, die uns noch heute begeistert. Johannes Kepler entdeckte Grundlegendes über das Sonnensystem, das sich anderen Generationen vor ihm entzogen hatte. Le Corbusier verwendete den Goldenen Schnitt beim Entwurf des UNO-Sekretariatsgebäudes, das die führende Orga-

Gegenüber: *Die beleuchtete Kathedrale von Chartres bei Nacht.*

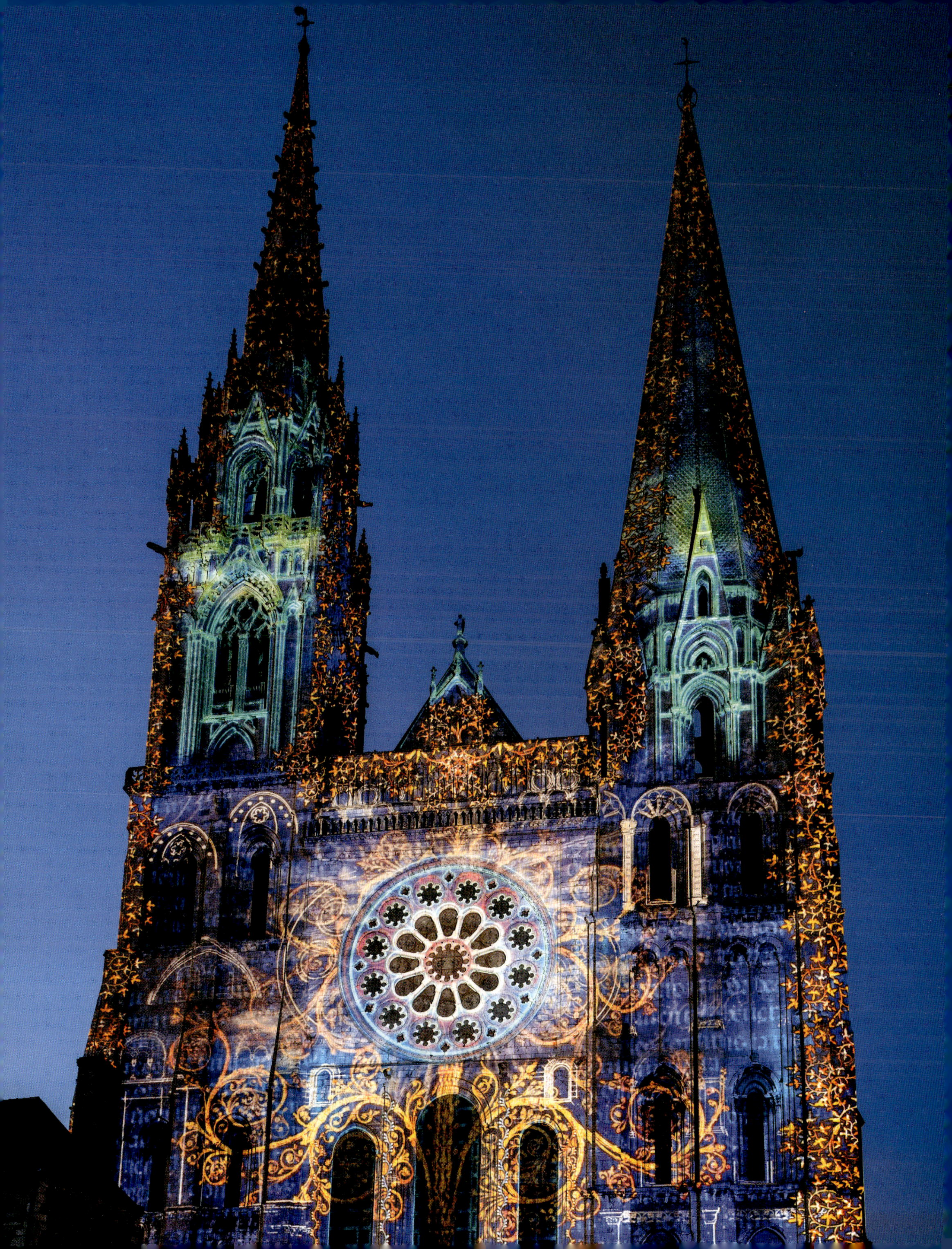

Eine Nahaufnahme der fünfblättrigen Einzelblüten der Sonnenblume zeigt, wie allgegenwärtig die Zahl Fünf bei natürlichen Lebensformen ist.

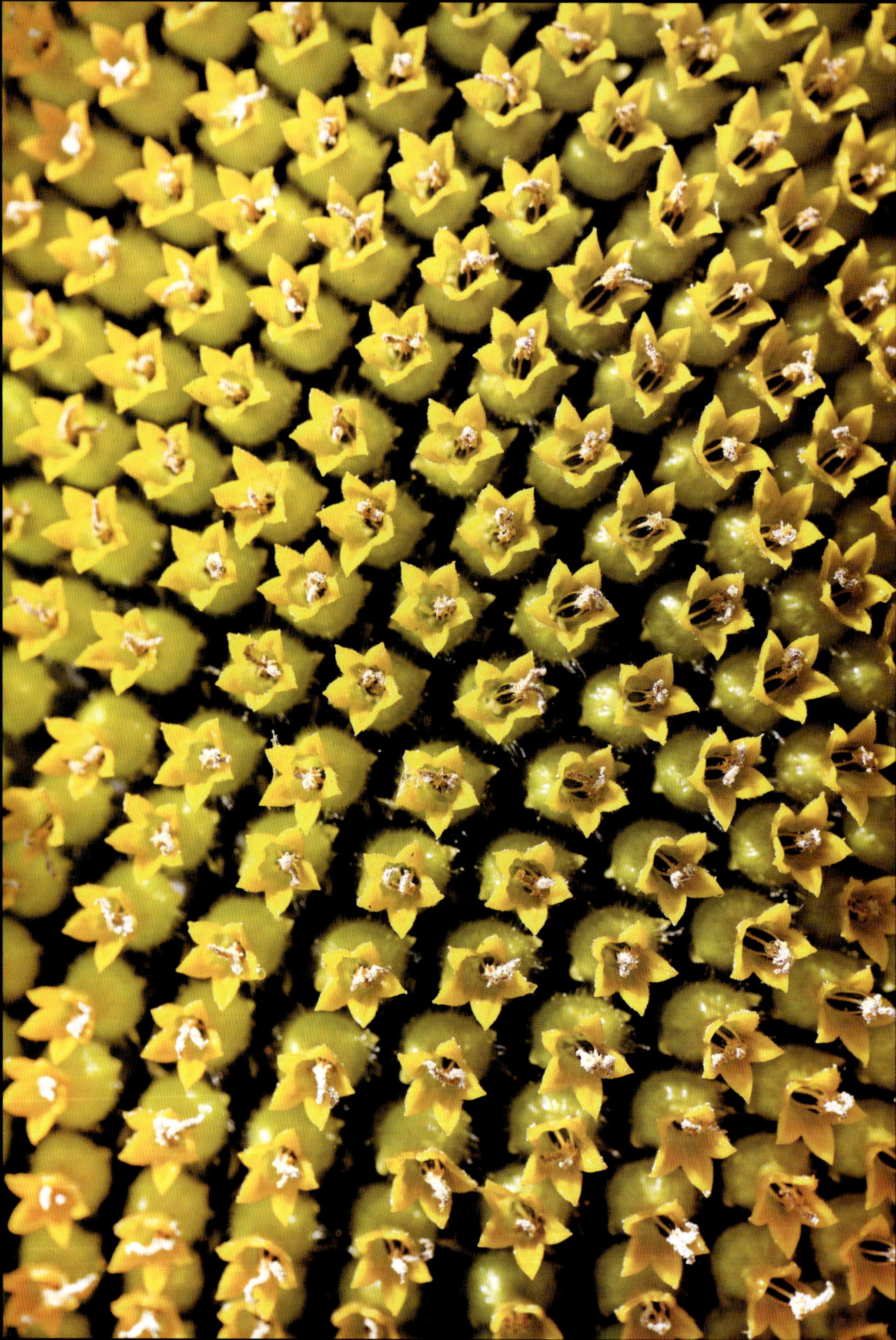

nisation für globale Herausforderungen und Erzeugung von Harmonie unter den Nationen der Welt beherbergt. Dan Shechtman entdeckte einen neuen Zustand von Materie, der vorher als unmöglich galt. Der Goldene Schnitt findet weiterhin Anwendung – vom Design von Logos bis hin zur Quantenmechanik.

Luca Paciolis Bezeichnung des Goldenen Schnittes als „göttliche Proportion“ trifft tatsächlich zu: Er wird von vielen als Tor zu einem tieferen Verständnis von Schönheit und dem Sinn des Lebens gesehen und erlebt, da er eine verborgene Harmonie in so vielem, was wir sehen, enthüllt. Das ist eine unglaubliche Aufgabe für eine einzige Zahl, aber andererseits spielte diese eine Zahl auch eine unglaubliche Rolle in der Geschichte der Menschheit – und vielleicht auch bei der Schöpfung des Lebens selbst.

Die Spirale in dieser Illustration eines Fraktals erweitert sich horizontal um den Faktor Phi.

Rafael Araujo
ME FECIT

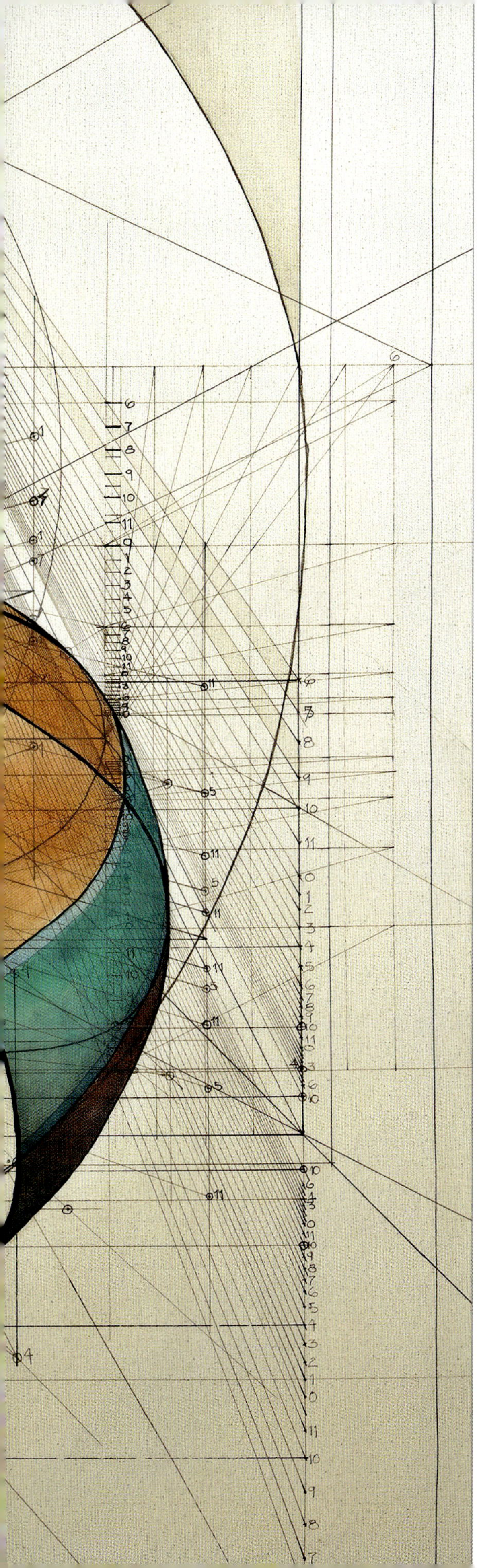

ANHÄNGE

„Bittet, so wird euch gegeben;
suchet, so werdet ihr finden;
klopfet an, so wird euch aufgetan.“[1]

— Matthäus 7:7 (Lutherbibel, 1912)

ANHANG A

WEITERE ERLÄUTERUNGEN

Der Goldene Schnitt ist seit tausenden Jahren ein Thema – und das in unterschiedlichen Disziplinen. Deshalb ist es schwierig, auch nur einen kleinen Teil dessen zu begreifen, was man über ihn wissen könnte, was zu Fehlinformationen und Missverständnissen führt. Ich beschäftigte mich mehr als zwanzig Jahre lang mit dem Goldenen Schnitt, und doch lernte ich während des Verfassen dieses Buches mehr, als ich je erwartet hätte.

Der Goldene Schnitt hat die ungewöhnliche Fähigkeit, Kontroversen auszulösen. Die schiere Menge an Informationen über ihn führt dazu, dass die meisten zu wenig wissen, um sich eine eigene Meinung zu bilden und tatsächlich logische Schlüsse zu ziehen. Der kontroverse Aspekt des Goldenen Schnittes beruht zudem auf der Frage, ob die besondere Beschaffenheit aller Dinge in der Welt um uns herum am ehesten mit Effizienz und der Optimierung natürlicher Prozesse erklärt werden kann – oder durch einen größeren Entwurf oder gar Schöpfer. Das ist eine sehr persönliche Frage, und zudem beeinflusst uns unser eigenes Glaubenssytem dahingehend, wie wir Nachweise des Goldenen Schnittes interpretieren, wodurch wir zu ganz unterschiedlichen Schlussfolgerungen kommen können. Ich versuchte in diesem Buch, die Balance zwischen den oft polarisierenden Extremen aufrechtzuerhalten, indem ich einfache geometrische und arithmetische Beweise in der Kunst und der Natur aufzeigte, die ich für ein besseres Verständnis als wichtig erachte.

Der beste Weg, um die genauesten und wahrhaftigsten Antworten zu finden, ist es, den Goldenen Schnitt in seiner ganzen Tiefe zu studieren und dann eigene Schlüsse zu ziehen, anstatt die anderer, darunter auch meine, blindlings zu akzeptieren. Manche sagen, da und da ist der Goldene Schnitt erkennbar – obwohl er es *nicht* ist –, und sehen das als Beweis für Gottes Existenz. Andere behaupten, da und da scheint der Goldene Schnitt *nicht* auf – obwohl er es doch tut –, und leugnen seine Existenz. Ich möchte hier einige Argumente anführen, die häufig von jenen kommen, die der Meinung sind, dass der Goldene Schnitt in der Kunst und der Natur nur ein Zufall oder Mythos ist – und die entsprechenden Gegenargumente. Entscheiden Sie selbst, was Sie für richtig halten!

„Man suchte nach Mustern und fand sie."
Einige, meist sind es Mathematiker, behaupten, der Goldene Schnitt existiere außerhalb der Geometrie und der Arithmetik nicht – wenn überhaupt höchstens in der Phyllotaxis von Pflanzen. Sie sagen, wenn wir den Goldenen Schnitt sehen, ist das einfach nur das menschliche Bedürfnis, eine Bedeutung in den Mustern um uns herum zu finden. Der wissenschaftliche Name dafür ist *Apophänie*, die „Tendenz, scheinbare Muster und Beziehungen in zufälligen, bedeutungslosen Einzelheiten der Umwelt wahrzunehmen". Unser Hang, Muster zu sehen, ist logisch und natürlich – und doch besteht das Risiko, Muster und Bedeutungen dort, wo sie tatsächlich existieren, zu ignorieren – die Kehrseite der sprichwörtlichen Medaille. Wir brauchen Muster bei allem, was wir tun: vom Sprechenlernen bis zur Anwendung einer wissenschaftlichen Methode, um die Natur und das Universum zu erforschen. Die Frage ist nicht, ob wir Muster suchen – oder nicht suchen – und finden, was wir ganz natürlich tun, sondern, ob wir über vernünftige Methoden und Standards verfügen, um die gefundenen Muster korrekt zu evaluieren. Wir müssen die Balance finden zwischen dem blinden Ignorieren von Mustern und ihrer Bedeutung dort, wo sie existieren, und dem übereifrigen Finden von Mustern und Bedeutung dort, wo sie nicht sind.

„Nichts kann im Goldenen Verhältnis stehen, denn es ist irrational."
Manche argumentieren, es sei unmöglich, den Goldenen Schnitt anzuwenden, da er eine irrationale Zahl mit einer unendlichen Anzahl an Dezimalstellen ist. Ein bekannter Skeptiker behauptet etwa, dass „es für jedes Ding der realen Welt unmöglich ist, *in* den Goldenen Schnitt *zu fallen*". Doch das ist übertrieben theoretisch und kleinlich. Wenn auch nichts „in den Goldenen Schnitt fallen kann", so ist es ganz einfach, eine Linie zu ziehen, „in die *er fällt*". Dann kommt es

nur noch darauf an, wie viel Genauigkeit man benötigt, was bestimmt, wie dick die Linie ist. Dieses Argument des irrationalen Verhältnisses lässt zudem einen weiteren wichtigen Punkt vermissen: Nichts, was wir messen oder zeichnen, ist eine exakte Repräsentation *irgendeiner* Zahl, weder rational noch irrational – das liegt in der Natur des Universums. Wenn man versucht, einen Kreis mit genau einem Zentimeter Durchmesser zu zeichnen, wird der Kreis doch nie *genau* 1,00000000000000000000 Zentimeter Durchmesser haben, obwohl 1 eine ganze Zahl ist. Die Anwendung des *Konzeptes* der Zahlen ist es, was in der realen Welt von Bedeutung ist, und eine Genauigkeit von mehr als vier, fünf Dezimalstellen ist selten notwendig. Im Rahmen des Konzeptes kann man jede Zahl mit ausreichender Genauigkeit anwenden.

„Man kann nachträglich nicht mit Sicherheit sagen, ob der Goldene Schnitt wirklich angewandt wurde.“
Dieses Argument wird oft verwendet, um selbst anerkannte Untersuchungen über das Auftreten und die Anwendung des Goldenen Schnittes zu verwerfen. Beruht die Schlussfolgerung nur auf einer einzigen, grob geschätzten Annäherung an den Goldenen Schnitt, ist das ein stichhaltiges Argument. Es verliert jedoch seine Gültigkeit, wenn der Goldene Schnitt gehäuft und mit hoher Genauigkeit auftritt. Wenn wir in den Proportionen des menschlichen Gesichts zufällig einen Goldenen Schnitt entdecken, ist das noch keine Grundlage für eine universelle Schlussfolgerung. Finden wir aber ein Dutzend oder mehr, handelt es sich wahrscheinlich um etwas, das von Bedeutung ist. Die Wahrheit durch analytische Untersuchungen zu bestimmen, liegt in der Natur der Wissenschaft – wie bei auf Seite 57 dargelegt, sollte man sich für gültige Schlussfolgerungen bei der Analyse von Kunstwerken und anderem auf den Goldenen Schnitt hin also auf Folgendes konzentrieren:

- **Relevanz:** auf Merkmale, die jede vernünftige Person als offensichtlich anerkennen muss, oder wichtige Stellen, an denen Entscheidungen über Gestaltung oder Komposition gefällt werden.
- **Allgemeinheit/Wiederholbarkeit:** auf Merkmale, die bei einer Vielzahl an Beispielen auftreten und die somit Wissen und Absicht vermuten lassen.
- **Genauigkeit:** auf Messungen, die innerhalb von + / – 1 Prozent des Goldenen Schnittes liegen, und Bilder in höchstmöglicher Auflösung.
- **Einfachheit:** auf Messungen, die sich auf möglichst einfache Ansätze beschränken, die höchstwahrscheinlich auch vom Künstler oder Designer angewandt wurden

„Es hätte jede Zahl einer unendlichen Anzahl von anderen Zahlen sein können.“
Manche Skeptiker sind der Meinung, dass die beobachteten Erscheinungen nicht unbedingt Goldene Schnitte sind, weil es jede Zahl einer unendlichen Anzahl von anderen Zahlen nahe dem Goldenen Schnitt sein könnte. So wird jede Untersuchung zur Suche einer Nadel in einem unendlich großen Heuhaufen: Die Chance, etwas zu finden, das dem Goldenen Schnitt exakt entspricht, wird unendlich klein. Das ist aber in der realen Welt nicht der Fall, wo wir üblicherweise physikalische Messungen verwenden, die bedeutungsvoll, erkennbar und endlich sind. Unsere Fähigkeiten, etwas mit einer Genauigkeit von mehr als vier oder fünf Dezimalstellen zu schaffen, sind physikalisch und technisch begrenzt, und meist gibt es dafür auch gar keinen Bedarf. Wenn man bei der Vermessung der Großen Pyramide den Goldenen Schnitt innerhalb weniger cm bei einer Höhe von 147 m findet, sollte das genau genug sein, um zum Schluss zu kommen, dass er im Entwurf tatsächlich eine Rolle spielte. Man braucht also auch hier nur vier Dezimalstellen, keine unendliche Anzahl.

Es gibt nur 33 Zahlen mit vier Dezimalstellen, die von Phi um weniger als ein Prozent abweichen, nicht „unendlich viele“. Diese bewegen sich in 0,001er-Schritten zwischen 1,602 und 1,634, also sind das die einzigen relevanten Verhältnisse. Es mag unendlich viele Zahlen geben, die Phi nahe kommen, aber es gibt nur wenige ganze Verhältnisse und geometrische Konstruktionen, die dem Goldenen Schnitt nahe kommen.

Betrachtet man alle möglichen Verhältnisse von ganzen Zahlen zwischen 1 bis 50, gibt es genau 1.275, die größer oder gleich 1 sind. Nur zehn davon haben ein Verhältnis mit einer Abweichung von weniger als einem Prozent von Phi. Auf der nächsten Seite sind Fibonacci-Zahlen **fett** gedruckt – hier nähern sich die Verhältnisse am frühesten und am genauesten an den Goldenen Schnitt an:

Verhältnis	Dezimalstellen	Abweichung von Φ
13/8	1,625	0,43 %
21/13	1,615	– 0,16 %
29/18	1,611	– 0,43 %
31/19	1,632	0,84 %
34/21	1,619	0,06 %
37/23	1,609	– 0,58 %
44/27	1,630	0,72 %
45/28	1,607	– 0,67 %
47/29	1,621	0,16 %
49/30	1,633	0,95 %

Betrachtet man alle möglichen rechtwinkligen Dreiecke basierend auf ganzen Zahlen von 1 bis 50 für zwei der drei Seiten, ergibt das 2.550 mögliche Kombinationen. Nur fünf dieser Dreiecke weisen eine Abweichung von weniger als einem Prozent von Phi auf:

Seite A (1)	Seite B ($\sqrt{\Phi}$)	Hypotenuse C (Φ)	Abweichung
8,660	11	14	– 0,09 %
11	**14**	**17,804**	**+ 0,02 %**
26	33	42,012	– 0,08 %
28,98337	37	47	+ 0,22 %
37	47	59,816	– 0,05 %

Wenn die alten Ägypter wirklich die Seked-Methode mit einer Neigung von 5,5/7 (bzw. 11/14) verwendeten, um die Proportionen der Großen Pyramide zu bestimmen, heißt das, sie wählten die eine Kombination ganzer Zahlen, deren Verhältnis die geringste Abweichung vom Goldenen Schnitt besitzt – sie beträgt nur 0,02 Prozent. Warum wählten sie ein Verhältnis, das in Arithmetik und Geometrie so einzigartig und in Natur und Schönheit so vorherrschend ist?

Der Goldene Schnitt ist also unendlich viel wahrscheinlicher, als „unendlich viele andere Zahlen". Deshalb sind die „unendlich vielen Zahlen" oder Verhältnisse, aus denen Künstler und Architekten wählen können, um etwas zu schaffen, das wie Phi aussieht, aber nicht Phi ist, in Wirklichkeit ziemlich beschränkt. Schauen Sie in der Liste oben noch einmal genau nach, ob irgendeine Zahl als möglicher Kandidat infrage käme – eine Zahl, die eine eigene Bedeutung hat und deshalb eher zur Wahl stünde als Phi selbst.

Ein weiteres Problem mit dem Argument der „unendlich vielen Zahlen" ist, dass Phi nicht einfach nur eine „weitere Zahl" unter unendlich vielen Verhältnissen, oder auch nur unter den obigen zwanzig Verhältnissen, die Phi nahe kommen, ist. Im Gegenteil: Phi ist eine der ganz besonderen Zahlen in der Geometrie, der Arithmetik, dem Leben und der Natur mit Eigenschaften, die keine andere Zahl besitzt. Phi wurde seit der Antike für seine Beziehung zur Natur und seine Ästhetik bewundert. So gesehen ist die Wahrscheinlichkeit, dass ein Künstler oder Architekt Phi anstelle eines ihm nahen Verhältnisses verwendete, wenn wir etwas sehen, das weniger als ein Prozent von Phi abweicht, wirklich ziemlich hoch. Hätte er eine andere Zahl gewählt, müssten wir uns fragen, was ihn dazu veranlasst hat, ein Verhältnis zu wählen, das so nah an Phi liegt (d. h. 1,414 als Quadratwurzel von 2; 1,5; 1,732 als Quadratwurzel von 3 usw.).

Da wir die alten Ägyptern und Griechen, Leonardo da Vinci, Georges Seurat, Mutter Natur und Gott nicht fragen können, ob sie Phi in ihren Schöpfungen mit Absicht verwendeten, müssen wir aufgrund der gegebenen Umstände möglichst vernünftige Annahmen treffen. Das physikalische Universum beruht auf Mathematik. Phi taucht in der Arithmetik und in der Geometrie gehäuft auf. Warum sollte man dann annehmen, dass sich eine unendliche Anzahl anderer Verhältnissen – ohne besondere Bedeutung in der Mathematik – in den einfachen, grundlegenden Mustern des Universums widerspiegelt?

Können wir mit Sicherheit sagen, ob Künstler den Goldenen Schnitt in ihren Werken anwandten? Wir müssen nur die Indizien betrachten und dann Vernunft walten lassen. Wie in jedem guten Krimi müssen wir nach Mitteln, dem Motiv und den Gelegenheiten fragen. *Mittel* können etwas so Einfaches wie ein Stift oder ein Stück Schnur sein. Das *Motiv* kann sein, die Schönheit und Harmonie rund um uns, egal ob beabsichtigt oder nicht, nachzuempfinden. *Gelegenheiten*, etwas mit Phi zu erschaffen, gibt es „unendlich viele". Ist Phi nicht die wahrscheinliche, „bevorzugte" Zahl und jemand behauptet, die Beobachtung beruhe nicht auf dem Goldenen Schnitt, dann würde ein wissenschaftlicher Ansatz verlangen, dass derjenige eine bessere oder gleichwertige Theorie aufstellt, anstatt einfach nur den Skeptiker zu spielen.

Wer ist die Quelle?

Was immer die Argumente sind, letztlich müssen wir uns fragen, wer die Quelle ist. Was ist die Motivation dieser Personen? Welche persönlichen Ansichten oder Ideologien stecken dahinter? Beruhen deren Ansichten auf verifizierbaren Beweisen oder einfach nur auf Überlegungen? Welche Qualifikationen haben sie? Der Goldene Schnitt ist ein breites und tiefes Thema, und man muss sich intensiv damit beschäftigen, um sein Auftreten und seine Anwendung auf nur einem Gebiet umfassend zu erfassen. Bitten Sie also, um mehr über den Goldenen Schnitt in der Mathematik zu erfahren, einen Mathematiker, dessen Eigenschaften mit Gleichungen und Beweisen zu beschreiben; oder wenden Sie sich an einen Künstler, Architekten, Designer oder Fotografen, der ihn in seinen Kompositionen verwendet, um visuelle Harmonie zu erzeugen und die Ästhetik zu steigern; oder suchen Sie sich einen Spezialisten in medizinischer Kosmetik, der den Goldenen Schnitt einsetzt, um seine Patienten zu verschönern. Und vergessen Sie nicht, dass die meisten Mathematiker keine Experten in Kunst oder Design, die meisten Künstler oder Designer keine Experten in kosmetischer Chirurgie und die meisten Schönheitschirurgen keine Experten in höherer Mathematik sind.

Es ist einfach, skeptisch zu sein, eine bestimmte Meinung zu vertreten und Ideen zu kritisieren, ohne die notwendigen Nachforschungen und Analysen durchzuführen, um all die Wahrheiten aufzudecken, die noch im Verborgenen liegen, und stattdessen einfach eigene Ideen und Einsichten zu präsentieren. Wissenschaftliche Methoden sind Instrumente, die uns unglaublichen Fortschritt erlauben – manche glauben sogar, die Wissenschaft hätte auf alles eine Antwort. Die Wissenschaft ist eine wunderbare Disziplin, aber Wissenschaftler sind Menschen mit Schwächen – wie alle anderen Menschen. Es ist in der Wissenschaft sogar weitverbreitet, jene mit neuen Ideen dafür zu kritisieren, außerhalb akzeptierter Paradigmen oder Dogmen zu denken. Es ist leicht, 100, 500 oder 2000 Jahre zurückzublicken und die wissenschaftlichen Erkenntnisse dieser Zeit verglichen mit heutigen Standards für primitiv zu halten. Es ist nicht so leicht, mit der sehr wahrscheinlichen Möglichkeit klarzukommen, dass vieles, was wir heute für wahr halten, in 100, 500 oder 2000 Jahren vielleicht genauso für primitiv gehalten wird. Wir sollten offen sein für neue Ideen und Denkweisen, die uns zu Fortschritten im Wissen führen, anstatt uns selbst und andere zu blockieren.

Fazit

Wenn Sie sich weiter mit diesem faszinierenden Thema beschäftigen, befinden Sie sich in guter Gesellschaft der größten Denker in der Geschichte. Und Sie werden herausfinden, dass Sie so mit mehr Interessensbereichen, Menschen und Ideen konfrontiert werden, als man sich vorstellen kann. Dieses Thema bietet eine unglaubliche Gelegenheit zur Bereicherung und zur Persönlichkeitsentwicklung. Sie werden sich auch mit vielen konträren Meinungen auseinandersetzen müssen, die leidenschaftlich verteidigt werden. Bleiben Sie dabei immer unvoreingenommen, haben Sie ein offenes Herz, analysieren Sie Stärken und Schwächen aller Beweise und Ansichten – und genießen Sie die Reise.

ANHANG B

GOLDENE KONSTRUKTIONEN

Zu Euklids Zeiten waren geometrische Konstruktionen auf Zirkel und Lineal beschränkt. Diese „reinen“ Konstruktionen finden sich auch in dem berühmten Werk *Elemente* dieses antiken griechischen Mathematikers, das in den folgenden zwei Jahrtausenden einen Meilenstein der Mathematik darstellen sollte. Wie sich herausstellte, gibt es viele Möglichkeiten, den Goldenen Schnitt nur mit den oben erwähnten Instrumenten zu konstruieren. Das ist eine der zwei häufigsten Konstruktionen, die mit Zirkel und Lineal möglich sind:

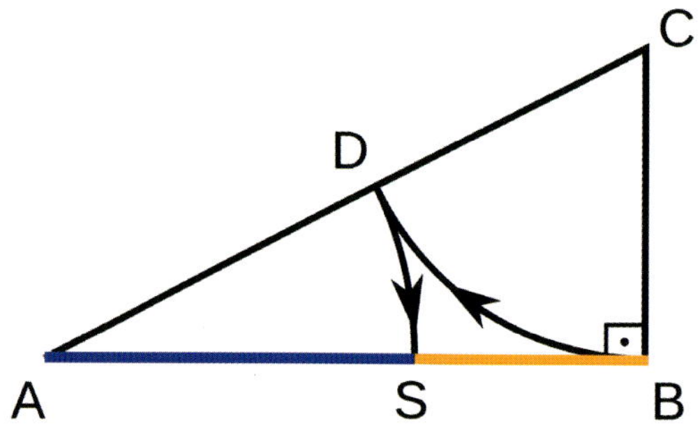

1. Man ziehe eine Linie *AB*.
2. Man ziehe eine vertikale Line *BC* im rechten Winkel zu und mit der halben Länge von *AB*.
3. Man ziehe eine Linie *AC*, um das Dreieck zu schließen.
4. Man ziehe einen Halbkreis um den Punkt *C* über den Punkt *B* zum Punkt *D* auf der Hypotenuse.
5. Man ziehe einen Halbkreis um den Punkt *A* über den Punkt *D* zum Punkt *S* auf der Linie *AB*.

In dieser Konstruktion ist $AB / AS = \Phi$.

Und hier die zweite:

1. Man ziehe eine Linie *AS*.
2. Man ziehe eine vertikale Linie *SC* im rechten Winkel zu und mit der Länge von *AS*.
3. Man teile die Linie *AS* in ihrem Mittelpunkt *M*.
4. Man ziehe einen Halbkreis um *M* von Punkt *C* zu Punkt *B* auf der Verlängerung der Linie *AS*.

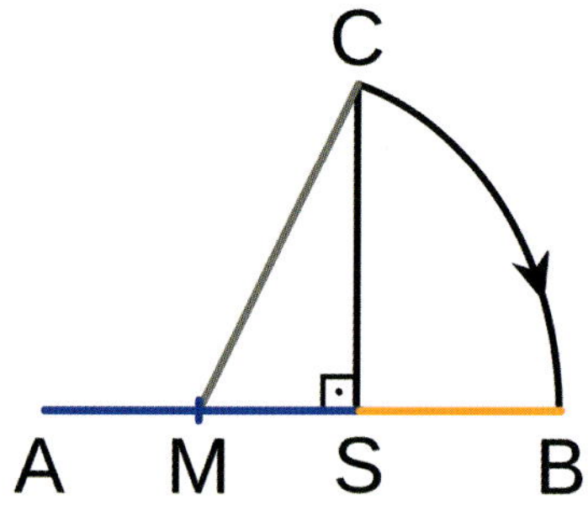

In dieser Konstruktion ist $AB / AS = \Phi$.

Geometrische Darstellung von $(1 + \sqrt{5}) / 2$

Auf Seite 42 stellten wir fest, dass der mathematische Ausdruck für den Goldenen Schnitt $(1 + \sqrt{5}) / 2$ ist. Der Geometer Scott Beach entwickelte eine Möglichkeit, diesen Ausdruck geometrisch darzustellen:

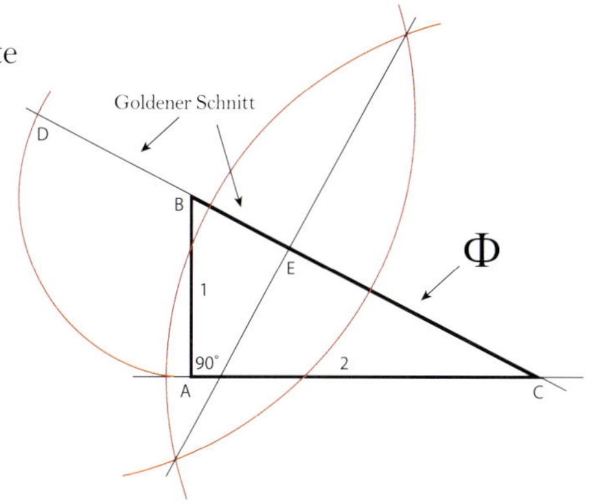

Die Konstruktion erfolgt folgendermaßen:

1. Man erstelle wie bei der ersten Konstruktion dieses Anhangs ein rechtwinkliges Dreieck *ABC* mit *AB* gleich 1 und *AC* gleich 2. Aufgrund des Satz des Pythagoras ist *BC* gleich $\sqrt{5}$.
2. Man verlängere die Seite *BC* um 1, um den Punkt *D* zu erhalten.
3. Man teile den Abschnitt *CD* in zwei gleiche Teile, um den Punkt *E* zu erhalten.

In der so entstehenden graphischen Darstellung von $(1 + \sqrt{5}) / 2$ repräsentiert der Abschnitt *CD* $1 + \sqrt{5}$, was bedeutet, dass die Länge des Abschnittes *CE* gleich $(1 + \sqrt{5}) / 2$ oder Φ ist. Weiters ist $DB / BE = \Phi$.

Konstruktionen mit Kreisen

Unter Mathematiker gibt es einen regelrechten Wettkampf darum, wer einen Goldenen Schnitt mit den wenigsten Linien darstellen kann beziehungsweise wie viele Goldene Schnitte man mit der geringsten Anzahl an Linien erstellen kann. (Okay, das ist nicht gerade die Fußball-WM, aber andrerseits wird in 2000 Jahren niemand mehr über die Gewinner dieses Bewerbs sinnieren – über den Goldenen Schnitt hingegen wahrscheinlich schon.) Hier finden Sie ein paar geniale Konstruktionen mit Kreisen.

Drei angrenzende Kreise

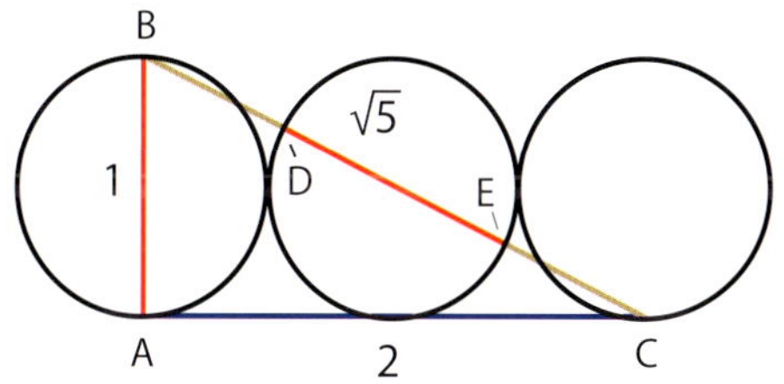

1. Man ziehe drei Kreise mit einem Durchmesser von je 2,5 cm auf einer Linie, wobei sich die Kreise berühren, aber nicht schneiden. Der Abstand zwischen dem Berührungspunkt des ersten und des zweiten Kreises ist *AC* und hat eine Länge von 2.
2. Man ziehe eine Linie vom Scheitelpunkt *B* des ersten Kreises zu *C*.
3. Man siehe zudem eine Linie vom Scheitelpunkt *B* zu Punkt *A*.
4. *BC* schneidet den zweiten Kreis auf der linken Seite im Punkt *D*.
5. *BC* schneidet den zweiten Kreis auf der rechten Seite im Punkt *E*.

In dieser Konstruktion sind sowohl DE / BD als auch $DE / EC = \Phi$.

Drei konzentrische Kreise

1. Man ziehe drei konzentrische Kreise mit Radien im Verhältnis 1 : 2 : 4.
2. Man ziehe eine Tangente *AG* am Scheitelpunkt des innersten Kreises über den mittleren bis zum äußeren Kreis.

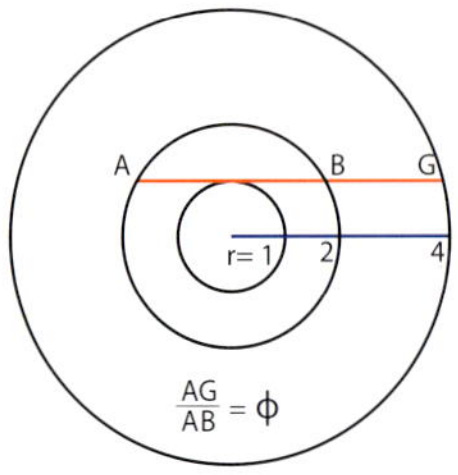

Übereinandergelagerte Kreise

2002 veröffentlichte der österreichische Künstler und Komponist Kurt Hofstetter im Fachmagazin Forum Geometricorum diese Konstruktion mit vier übereinandergelagerten Kreisen:

1. Man ziehe mit einem Zirkel zwei Kreise, sodass die Mittelpunkte (Punkt *C* und *D*) den Radius des jeweils anderen bestimmen.
2. Man ziehe zwei größere Kreise um *C* und *D* mit Radien doppelt so groß wie jene der kleinen Kreise.
3. Man ziehe eine Linie *AG* vom linken Schnittpunkt der zwei kleineren Kreise (*A*) zum rechten Schnittpunkt der zwei größeren Kreise (*G*), wie abgebildet.

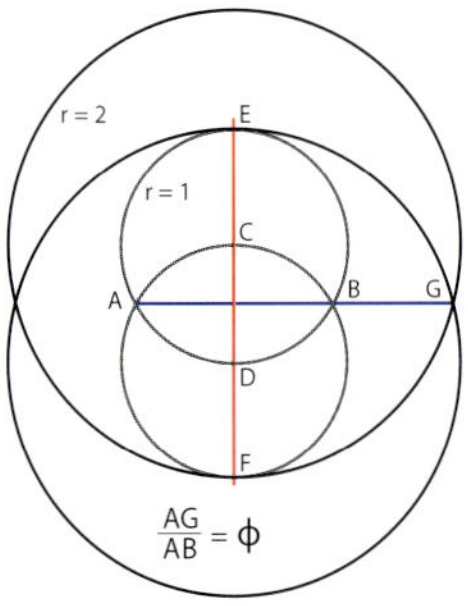

Und hier noch eine weitere Konstruktion Hofstetters:

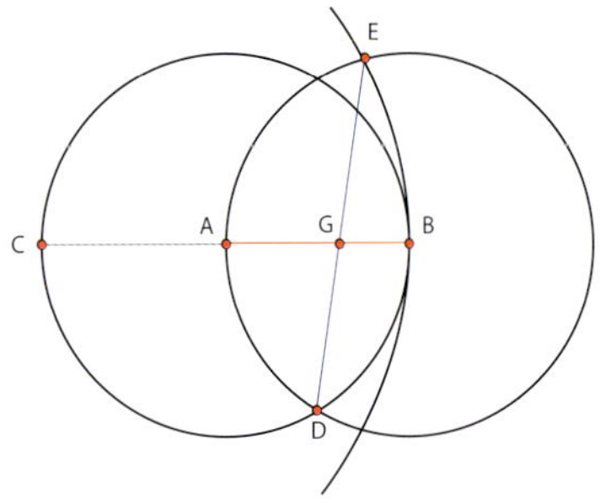

1. Man ziehe einen Kreis um den Mittelpunkt *A*.
2. Man zeichne einen Punkt *B* auf dem ganz rechts liegenden Punkt des Kreises. Um diesen Punkt *B* ziehe man einen Kreis durch *A*.
3. Man zeichne einen Punkt *C* auf dem ganz links liegenden Punkt des ersten Kreises.
4. Man ziehe einen Halbkreis um *C* durch den Punkt *B*.
6. Der Schnittpunkt des Halbkreises an der oberen Hälfte des zweiten Kreises ist *E*. Von diesem Punkt aus ziehe man die Linie zum unteren Schnittpunkt der beiden Kreise (*D*), um die Linie *ED* zu erhalten.
7. Zuletzt verbinde man *A* und *B*, um den Schnittpunkt *G* von *AB* und *ED* zu erhalten.

In dieser Konstruktion ist $AB / AG = \Phi$.

ORTHOGONE

Die nebenstehende Konstruktion des Goldenen Schnittes ist das bekannteste der zwölf Orthogone (auch „dynamische Rechtecke"), die im Wesentlichen rechtwinklige geometrische Strukturen sind, die ausgehend von einem Quadrat nur mit Zirkel und Lineal konstruiert werden. Unter den Orthogonen wird jenes mit dem Verhältnis $1/2 + \sqrt{5}/2$ als „Goldenes Rechteck" oder „Auron" (Lateinisch *aur* für „Gold") bezeichnet.

Orthogone stellen ein Hilfsmittel dar, das es Künstlern und Handwerkern schon seit Jahrhunderten erlaubt, ohne komplizierte Berechnungen oder Messinstrumente harmonische Formen zu gestalten. Beispiele für Orthogone mit den entsprechenden Verhältnissen sind das Diagon ($\sqrt{2}$), das Quadrigon ($1/2 + \sqrt{2}/2$) und das Hemidiagon ($\sqrt{5}/2$). Informationen über die Anwendung von Orthogonen für Design-Entwürfe finden Sie auf der Website der Künstlerin Valerie Jensen, www.timelessbydesign.org.

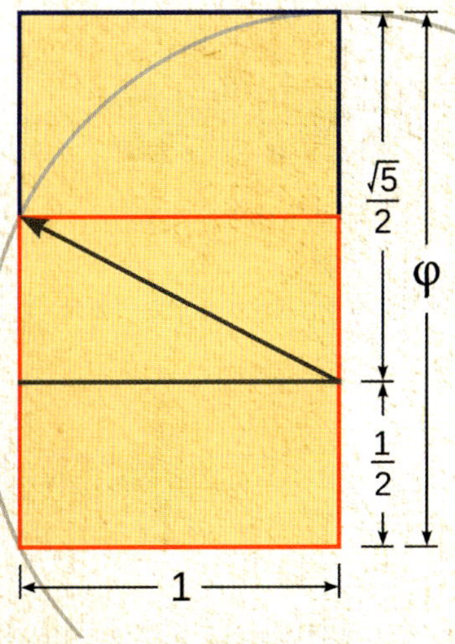

Das Goldene Rechteck.

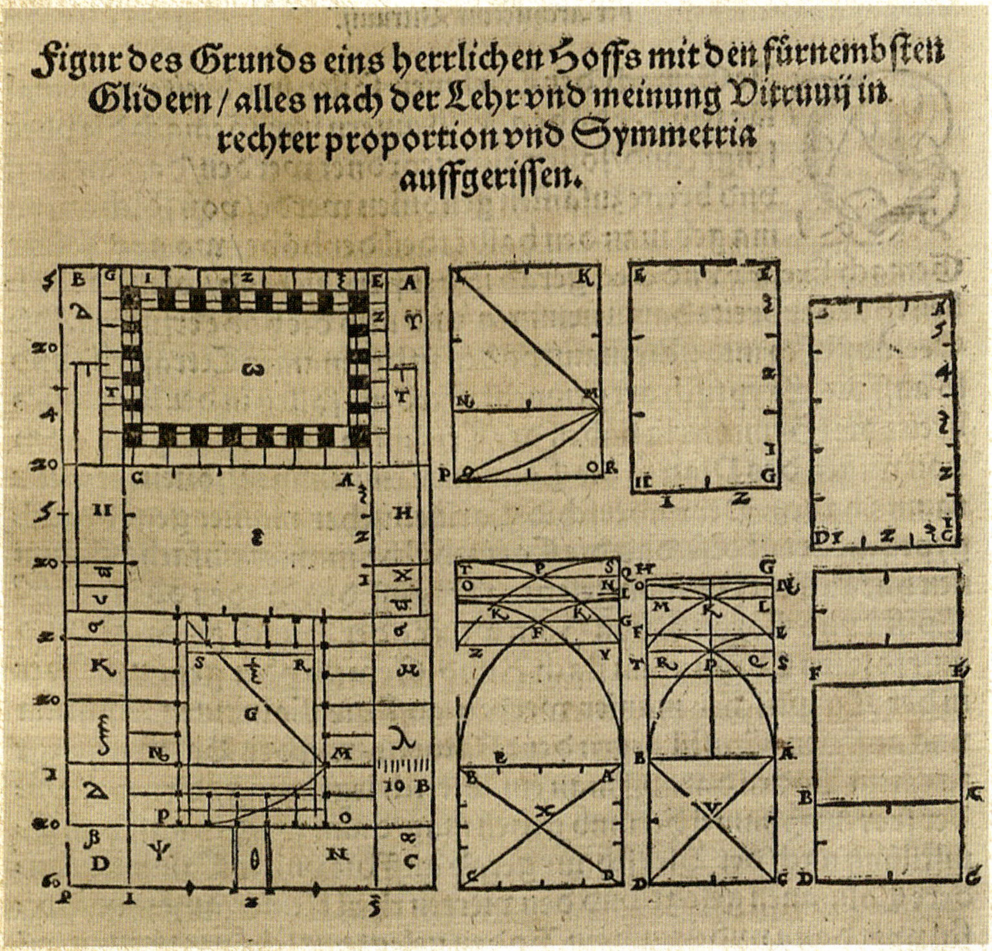

Auf diesem Scan einer Seite der ersten deutschen Übersetzung des Werkes Vitruvius Teutsch *von Vitruv aus dem Jahre 1575 sieht man oben in der Mitte ein Diagon.*

ANMERKUNGEN UND WEITERFÜHRENDE LEKTÜRE

Die Informationen in diesem Buch stammen aus eigener Recherche, Beiträgen von Besuchern meiner Websites (goldennumber.net und phimatrix.com), Interviews, Online-Quellen und Büchern. Wikipedia ist ein guter Ausgangspunkt für Informationen, und es gibt zahlreiche Quellen, die sich ausführlicher mit der Mathematik und ihrer Geschichte befassen, darunter das MacTutor-History-of-Mathematics-Archiv der University of St. Andrews, Schottland (http://www-groups.dcs.st-and.ac.uk/~history/index.html) und Wolfram MathWorld (http://mathworld.wolfram.com/).

ALLGEMEINE LEKTÜRE

Herz-Fischler, Roger. *A Mathematical History of the Golden Number.* New York: Dover Publications, 1998.

Huntley, H. E., *The Divine Proportion: A Study in Mathematical Beauty.* New York: Dover Publications, 1970.

Lawlor, Robert. *Sacred Geometry: Philosophy and Practice.* London: Thames and Hudson, 1982.

Livio, Mario. *The Golden Ratio: The Story of Phi. The World's Most Astonishing Number.* New York: Broadway Books, 2002.

Olsen, Scott A. *The Golden Section: Nature's Greatest Secret.* Glastonbury: Wooden Books, 2009.

Skinner, Stephen. *Sacred Geometry: Deciphering the Code.* New York: Sterling, 2006.

ANMERKUNG

Alle hier enthaltenen Zitate wurde ins Deutsche übersetzt. Die Originalzitate finden Sie in den nachstehenden Werken.

EINLEITUNG

1. „Internet users per 100 inhabitants 1997 to 2007“, *ICT Indicators Database, International Telecommunication Union (ITU)*, http://www.itu.int/ITU-D/ict/statistics/ict/.
2. „ICT Facts and Figures 2017“, Telecommunication Development Bureau, *International Telecommunication Union (ITU)*, https://www.itu.int/en/ITU-D/Statistics/Pages/facts/default.aspx.
3. „Geschichte von Wikipedia“, *Wikipedia*, https://de.wikipedia.org.
4. Roger Nerz-Fischler, *A Mathematical History of the Golden Number* (New York: Dover, 1987), 167.
5. Mario Livio, *The Golden Ratio: The Story of Phi. The World's Most Astonishing Number* (New York: Broadway Books, 2002), 7.
6. David E. Joyce, „Euclid's Elements: Book VI: Definition 3“, Department of Mathematics and Computer Science, Clark University, https://mathcs.clarku.edu/~djoyce/elements/bookVI/defVI3.html.

KAPITEL I

1. Karl Fink, *Geschichte der Elementar-Mathematik* (1890), engl. Übersetzung „A Brief History of Mathematics“ (Chicago: Open Court Publishing Company, 1900) von Wooster Woodruff Beman and David Eugene Smith. Siehe auch Carl Benjamin Boyer, *A History of Mathematics* (New York: Wiley, 1968).
2. „Timaeus by Plato“, Übersetzung: Benjamin Jowett, The Internet Classics Archive, http://classics.mit.edu/Plato/timaeus.html.
3. Die englischen Passagen und die Illustrationen wurden auf Grundlage der Übersetzungen und Inhalte in David E.

Joyce, „Euclid's Elements", Department of Mathematics and Computer Science, Clark University, https://mathcs.clarku.edu/~djoyce/elements/elements.html, erstellt.

4. Roger Nerz-Fischler, *A Mathematical History of the Golden Number* (New York: Dover, 1987), 159.
5. Eric W. Weisstein, „Icosahedral Group", MathWorld – A Wolfram Web Resource, http://mathworld.wolfram.com/IcosahedralGroup.html.
6. ebd.

KAPITEL II

1. „Quotations: Galilei, Galileo (1564–1642)", Convergence, Mathematical Association of America, https://www.maa.org/press/periodicals/convergence/quotations/galilei-galileo-1564-1642-1.
2. Jacques Sesiano, „Islamic mathematics", in Selin, Helaine; D'Ambrosio, Ubiratan, Hg., *Mathematics Across Cultures: The History of Non-Western Mathematics* (Dordrecht: Springer Netherlands, 2001), 148.
3. J. J. O'Connor & E. F. Robertson, „The Golden Ratio", School of Mathematics and Statistics, University of St. Andrews, Schottland, http://www-groups.dcs.st-and.ac.uk/history/HistTopics/Golden_ratio.html.
4. Der französische Mathematiker Albert Girard (1595–1632) formulierte als Erster den algebraischen Ausdruck, der die Fibonacci-Folge beschreibt ($f_{n+2} = f_{n+1} + f_n$), und brachte sie mit dem Goldenen Schnitt in Verbindung. In: Robert Simson, „An Explication of an Obscure Passage in Albert Girard's Commentary upon Simon Stevin's Works (*Vide Les Oeuvres Mathem. de Simon Stevin, a Leyde*, 1634, p. 169, 170)", *Philosophical Transactions of the Royal Society of London* 48 (1753–1754), 368–377.
5. James Joseph Tattersall, *Elementary Number Theory in Nine Chapters* (2. Auflage), (Cambridge: Cambridge University Press, 2005), 28.
6. Mario Livio, *The Golden Ratio: The Story of Phi. The World's Most Astonishing Number* (New York: Broadway Books, 2002), 7.
7. Viele interessante Muster basierend auf der Fibonacci-Folge findet man in Dr. Ron Knotts „The Mathematical Magic of the Fibonacci Numbers", Department of Mathematics, University of Surrey, http://www.maths.surrey.ac.uk/hosted-sites/R.Knott/Fibonacci/fibmaths.html#section13.1.
8. Jain 108, „Divine Phi Proportion", Jain 108 Mathemagics, https://jain108.com/2017/06/25/divine-phi-proportion/.
9. Lucien Khan war der Erste, der dieses Muster beschrieb und illustrierte; die Graphik basiert auf seiner Originalzeichnung.
10. J. J. O'Connor and E. F. Robertson, „The Golden Ratio".

KAPITEL III

1. Hierbei handelt es sich vermutlich um eine Umschreibung Paciolis philosophischer Überlegungen über die Wichtigkeit der Mathematik.
2. Mario Livio, *The Golden Ratio: The Story of Phi. The World's Most Astonishing Number* (New York: Broadway Books, 2002), 131.

3. Richard Owen, „Piero della Francesca masterpiece ‚holds clue to 15th-century murder'", *The Times*, 23. 1. 2008.
4. „The Ten Books on Architecture, 3.1", Übersetzung: Joseph Gwilt, Lexundria, https://lexundria.com/vitr/3.1/gw.
5. Jackie Northam, „Mystery Solved: Saudi Prince is Buyer of $450M DaVinci Painting", *The Two-Way*, 7. 12. 2017, https://www.npr.org/sections/thetwo-way/2017/12/07/569142929/mystery-solved-saudi-prince-is-buyer-of-450m-davinci-painting.
6. J. J. O'Connor & E. F. Robertson, „Quotations by Leonardo da Vinci", School of Mathematics and Statistics, University of St. Andrews, Schottland, http://www-history.mcs.st-andrews.ac.uk/Quotations/Leonardo.html. Zitiert nach Des MacHale, Wisdom (London: Prion, 2002).
7. „Geburt der Venus", Le Gallerie degli Uffizi, https://www.uffizi.it/opere/nascita-di-venere.

KAPITEL IV

1. „Georges-Pierre Seurat: Grandcamp, Evening", MoMA.org, https://www.moma.org/collection/works/79409.
2. delde, „allRGB", https://allrgb.com/
3. Mark Lehner, *The Complete Pyramids* (London: Thames & Hudson, 2001), 108.
4. H. C. Agnew, *A Letter from Alexandria on the Evidence of the Practical Application of the Quadrature of the Circle in the Configuration of the Great Pyramids of Gizeh* (London: R. & J. E. Taylor, 1838).
5. John Taylor, *The Great Pyramid: Why Was It Built? And Who Built It?* (Cambridge: Cambridge University Press, 1859).
6. Der Palermostein aus der Zeit der fünften Dynastie in Ägypten (ca. 2392–2283 v. Chr.) enthält die erste bekannte Verwendung der ägyptischen Königselle, in der Beschreibung des Nil-Hochwassers während der ersten Dynastie in Ägypten (ca. 3150 bis ca. 2890 v. Chr.).
7. D. I. Lightbody, „Biography of a Great Pyramid Casing Stone", *Journal of Ancient Egyptian Architecture* 1, 2016, 39–56.
8. Glen R. Dash, „Location, Location, Location: Where, Precisely, are the Three Pyramids of Giza?", Dash Foundation Blog, 13. 2. 2014, http://glendash.com/blog/2014/02/13/location-location-location-where-precisely-are-the-three-pyramids-of-giza/.
9. Leland M. Roth, *Understanding Architecture: Its Elements, History, and Meaning* (3. Auflage) (New York: Routledge, 2018).
10. Chris Tedder, „Giza Site Layout", Stand: 2002, https://web.archive.org/web/20090120115741/http:/www.kolumbus.fi/lea.tedder/OKAD/Gizaplan.htm.
11. Henutsen wurde auf der 1858 gefundenen Inventar-Stele als „Tochter des Königs" bezeichnet, doch die meisten Ägyptologen sind der Meinung, dass die Stele eine Fälschung ist.
12. Theodore Andrea Cook, *The Curves of Life* (New York: Dover Publications, 1979).
13. „Statue of Zeus at Olympia, Greece", 7 Wonders, http://www.7wonders.org/europe/greece/olympia/zeus-at-olympia/

14. Guido Zucconi, *Florence: An Architectural Guide* (San Giovanni Lupatoto, Italy: Arsenale Editrice, 2001).
15. PBS, „Birth of a Dynasty“, *The Medici: Godfathers of the Renaissance*, 30. 3. 2009, https://www.youtube.com/watch?v=9FFDJK8jmms.
16. Matila Ghyka, *The Geometry of Art and Life* (2. Auflage) (New York: Dover Publications, 1977), 156.
17. Michael J. Ostwald, „Review of Modulor and Modulor 2 by Le Corbusier (Charles Edouard Jeanneret)“, Nexus *Network Journal*, Vol. 3, Nr. 1 (Winter 2001), http://www.nexusjournal.com/reviews_v3n1-Ostwald.html.
18. „United Nations Secretariat Building“, Emporis, https://www.emporis.com/buildings/114294/united-nations-secretariat-building-new-york-city-ny-usa.
19. Richard Padovan, *Proportion: Science, Philosophy, Architecture* (New York: Routledge, 1999).
20. „Fact Sheet: History of the United Nations Headquarters“, Public Inquiries, UN Visitors Centre, 20. 2. 2013, https://visit.un.org/sites/visit.un.org/files/FS_UN_Headquarters_History_English_Feb_2013.pdf.
21. „DB9“, Aston Martin. Zuletzt geändert 2014. https://web.archive.org/web/20140817055237/http:/www.astonmartin.com/en/cars/the-new-db9/db9-design.
22. „Star Trek: Designing the Enterprise“, Walter „Matt“ Jeffries, http://www.mattjefferies.com/start.html.
23. Darrin Crescenzi, „Why the Golden Ratio Matters“, *Medium*, 21. 4. 2015, https://medium.com/@quick_brown_fox/why-the-golden-ratio-matters-583f6737c10c.
24. ebd.

KAPITEL V

1. Stephen Marquardt, *Lecture to the American Academy of Cosmetic Dentistry*, 29. 4. 2004.
2. Richard Padovan, *Proportion: Science, Philosophy, Architecture* (New York: Routledge, 1999).
3. Scott Olsen, *The Golden Section: Nature's Greatest Secret* (Glastonbury: Wooden Books, 2009).
4. Alex Bellos, „The golden ratio has spawned a beautiful new curve: the Harriss spiral“, *The Guardian*, 13. 1. 2015, https://www.theguardian.com/science/alexs-adventures-in-numberland/2015/jan/13/golden-ratio-beautiful-new-curve-harriss-spiral.
5. „Insects, Spiders, Centipedes, Millipedes“, National Park Service, Stand: 17. 10. 2017, https://www.nps.gov/ever/learn/nature/insects.htm.
6. Eva Bianconi, Allison Piovesan, Federica Facchin, Alina Beraudi, et al, „An estimation of the number of cells in the human body“, *Annals of Human Biology* 40, no. 6 (2013): 463–471, https://www.tandfonline.com/doi/full/10.3109/03014460.2013.807878.
7. Richard R. Sinden, *DNA Structure and Function* (San Diego: Academic Press, 1994), 398.
8. „Chromatin“, modENCODE Project, Stand: 2018, http://modencode.sciencemag.org/chromatin/introduction.
9. Edwin I. Levin, „The updated application of the golden proportion to dental aesthetics“, *Aesthetic Dentistry Today* 5, no. 3 (May 2011).

KAPITEL VI

1. Ari Sihvola, „Ubi materia, ibi geometria", Helsinki University of Technology, Electromagnetics Laboratory Report Series, No. 339, September 2000, https://users.aalto.fi/~asihvola/umig.pdf.
2. J. P. Luminet, „Dodecahedral space topology as an explanation for weak wide-angle temperature correlations in the cosmic microwave background", *Nature* 425 (9. 10. 2003) 593–595.
3. Dr. David R. Williams, „Moon Fact Sheet", NASA, Stand: 3. 7. 2017, https://nssdc.gsfc.nasa.gov/planetary/factsheet/moonfact.html.
4. Dr. David R. Williams, „Venus Fact Sheet", NASA, Stand: 23. 12. 2016, https://nssdc.gsfc.nasa.gov/planetary/factsheet/venusfact.html.
5. Merkur, der innerste Planet, hat eine Umlaufzeit von 87,97 Tagen oder etwa 0,2408 Erdenjahren. Diese Zahl weicht um nur 2,0 Prozent von $1/\Phi^3$ ab. Saturn, ganz außen, hat eine Umlaufzeit von 10759,22 Tagen oder 29,4567 Erdenjahren. Diese Zahl weicht um nur 1,5 Prozent von $\Phi 7$ ab. Und da wir nun schon dabei sind: Betrachten Sie das Verhältnis des mittleren Abstandes zur Sonne jedes Planeten – Merkur bis Pluto – zu jenem des jeweils davorliegenden. Wir beginnen mit Merkur als 1 dazu kommt Ceres, der den Asteroidengürtel repräsentiert. Der Durchschnitt dieser relativen Distanzen ist 1,6196, eine Abweichung um weniger als 0,1 Prozent von Φ.
6. John F. Lindner, „Strange Nonchaotic Stars", *Physical Review Letters* 114, no. 5 (6. 2. 2015).
7. P. C. W. Davies, „Thermodynamic phase transitions of Kerr-Newman black holes in de Sitter space", *Classical and Quantum Gravity* 6, no. 12 (1989): 1909–1914. DOI: 10.1088/0264-9381/6/12/018.
8. N. Cruz, M. Olivares, & J. R. Villanueva, *European Physical Journal C*, no 77 (2017): 123. https://doi.org/10.1140/epjc/s10052-017-4670-7
9. J.A. Nieto, „A link between black holes and the golden ratio" (2011), https://arxiv.org/abs/1106.1600v1.
10. L. Bindi, J. M. Eiler, Y. Guan et al., „Evidence for the extraterrestrial origin of a natural quasicrystal", *Proceedings of the National Academy of Sciences 109*, no. 5 (1. 1. 2012): 1396-1401, https://doi.org/10.1073/pnas.1111115109.
11. Eric W. Weisstein, „Icosahedral Group", MathWorld – A Wolfram Web Resource, http://mathworld.wolfram.com/IcosahedralGroup.html.
12. R. Coldea, D. A. Tennant, E. M. Wheeler et al., „Quantum criticality in an Ising chain: experimental evidence for emergent E8 symmetry", *Science* 327 (2010): 177-180.
13. Siehe „2004 Dow Jones Industrial Average Historical Prices / Charts"; http://futures.tradingcharts.com/historical/DJ/2004/0/continuous.html.
14. Siehe „2008 Dow Jones Industrial Average Historical Prices / Charts"; http://futures.tradingcharts.com/historical/DJ/2008/0/continuous.html.
15. Vladimir A Lefebvre, *A Psychological Theory of Bipolarity and Reflexivity* (Lewiston, NY: Edwin Mellen Press, 1992).

ANHANG A

1. „Apophänie", Wikipedia, https://de.wikipedia.org/wiki/Apoph%C3%A4nie.

DANKSAGUNG

Das erste Mal schrieb ich über den Goldenen Schnitt für eine andere Website, die ich 1997 entwickelte, eigentlich um zu lernen, wie man etwas im Internet publiziert. Ich hätte mir nie vorstellen können, dass die ganze Sache so ein Eigenleben entwickelt, als ich Leute rund um den Globus und auf allen Gebieten zu kontaktieren begann, die mein Interesse an diesem Thema teilten. 2001 legte ich mir eine eigene Domain, Goldennumber.net, zu, und es war faszinierend: Die Seite war die erste im Ranking der Suchmaschine und hatte mehr als eine Million Aufrufe pro Jahr, wobei die Besucher Fragen stellten und selbst Beiträge erstellten und so eine richtige Online-Community für den Informationsaustausch auf diesem Gebiet schafften. Es entstanden daraus viele neue Freundschaften, und meine Familie musste sich damit abfinden, dass ich viel Zeit und Kraft dafür aufwendete. Es ist mir leider nicht möglich, hier alle zu nennen und allen zu danken, die zu meinem Wissen über dieses faszinierende Thema beitrugen, von dem sich nur ein kleiner Teil in diesem Buch findet. Einige werden als Mitwirkende auf meiner Website genannt, hier möchte ich aber vor allem bei jenen bedanken, die den meisten Einfluss auf die Entstehung dieses Buchs hatten:

Kathy Meisner, meiner Frau, Partnerin und bester Freundin, danke ich für ihre Liebe und Unterstützung, die ich während der überraschend vielen Stunden, die wir diesem Buch widmeten, wirklich schätzen lernte. Kathy, eine exzellente Schriftstellerin und verlegte Autorin, war meine ständige Ansprechperson für alle Aspekte dieses Projektes und versorgte mich mit unschätzbar wertvollen Ratschlägen und Ideen.

Julie Meisner und Katie Leggett, meinen Töchtern, danke ich für ihre Liebe und Wertschätzung für einen Vater, der seinen Gleichgesinnten im Internet viel Zeit widmete, und für ihre Ermunterungen und gelegentlichen Posen für Fotos, um diese im Hinblick auf den Goldenen Schnitt zu analysieren.

Robert Meisner und Kathleen Meisner, meinen Eltern, danke ich für die Liebe und Unterstützung und dafür, dass sie mir das Geschenk des Lebens gaben.

Dr. Stephen R. Marquardt, dem weltweit anerkannten Experten für Gesichtschirurgie, danke ich für seinen unschätzbaren Beitrag zum Verständnis der menschlichen Attraktivität durch die Entwicklung seiner auf dem Goldenen Schnitt basierenden Marquardt-Schönheitsmaske – und für seine Freundschaft und Unterstützung.

Melanie Madden, meiner Herausgeberin, danke ich für ihre ausgezeichnete redaktionelle Arbeit und Anleitung und mehr noch für ihre Intelligenz und Neugierde, die zu neuen Inhalten führten und mich herausforderten, neue Gebiete zu erforschen, um die Darstellung der Informationen genauer und vollständiger zu machen. In dem Jahr, in dem ich dieses Buch schrieb, lernte ich über dieses Thema mehr, als ich mir zu Beginn je hätte vorstellen können.

Der Quarto Publishing Group und RacePoint danke ich für ihr Interesse und Vertrauen, mich als Autor für ein Buch über dieses Thema zu wählen, und für das Team, das sie mir zur Verfügung stellten und mit dessen kreativer Vision es möglich war, eine künstlerisch hochwertige und professionelle Abhandlung über den Goldenen Schnitt zu schaffen.

Rafael Araujo danke ich für die wunderschönen Illustrationen für das Cover und die Kapitelaufmacherseiten.

Gott danke ich, dass er mir Herz, Geist und Augen öffnete und es mir so ermöglichte, all die Schönheit und Wunder um uns und in uns zu erkennen.

BILDNACHWEIS

Wenn nicht anders angegeben, stammen alle Goldener-Schnitt-Raster von © Gary Meisner / PhiMatrix.

© Bridgeman Images
20-21; 40-41; 80-81 (unten)

© Gary Meisner
10-12; 17 (oben links); 22-28; 29 (oben links); 31 (unten); 34; 44; 46-47 (oben); 48; 50-51; 53, 57; 95-96; 99-102 (links); 134; 137-139; 147 (unten); 154 (unten); 157–159; 166; 184; 199–200, 213-215

Courtesy Wikimedia Foundation
8; 12 (unten); 16 (links) Wellcome; 17 (unten); 18; 19 (rechts) Folger Shakespeare Library Digital Image Collection and (links); 27 (rechts); 29; 30; 32 Benutzer DTR; 33 Benutzer Levochik; 38; 39 The Bodleian Library, University of Oxford; 43 user Sailko; 45 Wellcome; 47 (unten) Silverhammermba & Jahobr; 49 (Graphiken) Benutzer Parcly Taxel; 50 (links) Wellcome; 56 Alexander Baranov; 58-61; 63-65; 66-67; 68-69; 73; 74-79; 82-83; 84 (unten Benutzer Qypchak); 85-87; 88 (unten); 94 Library of Congress; 97 Benutzer Nephiliskos; 98 Benutzer Theklan; 102-104; 106; 108; 109 Benutzer Zachi Evenor und Julie Anne Workman; 111; 112 PtrQs; 114 (oben) Benutzer Hubertl; 114 (ganz rechts) Benutzer DXR; 115-116 Benutzer Fczarnowski; 118 Dennis Jarvis; 119 © Yann Forget / Wikimedia Commons / CC-BY-SA-3.0; 120-125; 127 (unten) Manfred Brückels, (oben) Benutzer AbseitsBerlin; 136 Tarisio Auctions; 145 (links) Wellcome; 146 (unten) Benutzer Cmglee; 150; 152 (ganz unten rechts) Biodiversity Heritage Library; 153; 154 (oben rechts) Benutzer Prokofiev; 156; 160 NASA; 161 (ganz oben links) NASA und The Hubble Heritage Team (STScI/AURA); 172 Benutzer Mauroesguerroto; 174 (links) Wolfgang Sauber; 177; 182; 185; 187 Benutzer Rursus; 188 NASA/JPL-Caltech; 191 Phillip Westcott, National Institute of Standards and Technology; 192 (oben) Benutzer Pbroks13 (unten) U.S. Department of Energy; 193 (oben rechts) Benutzer Jgmoxness, (oben links und unten) Benutzer Patrickringgenberg; 196 Benutzer Jgmoxness/Gary Meisner, 212-214, 215

© Oliver Brady, 13

© Artist Rechtss Society (ARS), New York/ADAGP, Paris/Foundation Le Corbusier (FLC), 128

© Wayne Rhodes. Retrieved from http://waynesquilts.blogspot.com/2014/04/pythagoras-lute.html, 154 (oben links)

© DeBruine, Lisa M, and Benedict C Jones. 2015. „Average Faces". OSF. October 13. osf.io/gzy7m, 167-168

© DeBruine, Lisa. 2016. „Young Adult Composite Faces". figshare. doi:10.6084/m9.figshare.4055130.v1, 169 (oben)

© Collin Spears. The Post National Monitor, World of Averages. Retrieved from https://pmsol3.wordpress.com/, 169 (unten)

© Paul Steinhardt, 194

© Rafael Araujo, Cover, 2, 6, 14-15; 36-37; 54-55; 90-91; 142-143; 180-181, 206-207, Vorsatz

© Shutterstock
31 (oben); 71; 80-81 (oben); 88-89; 92-93; 105; 107; 110; 113; 116-117; 121; 129; 131; 133, 135 Shutterstock/Gary Meisner; 140; 144; 146 (oben); 147; 148; 149; 151-152; 154-155; 161-165; 170-171; 174-176; 178; 183; 190; 195; 197-198; 203-205

REGISTER